AF514013

Marek Petrik

Friedrich August Genth aus Wächtersbach und die Entdeckung der ersten NiO-Kristalle am Marburger chemischen Institut unter Robert Wilhelm Bunsen

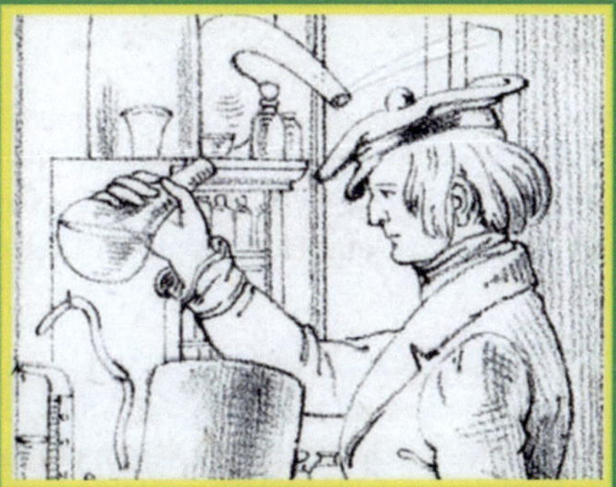

Neu identifiziertes Genth-Portrait von Trautschold (Gießen, 1841)

Friedrich August Genth (1820-1893)

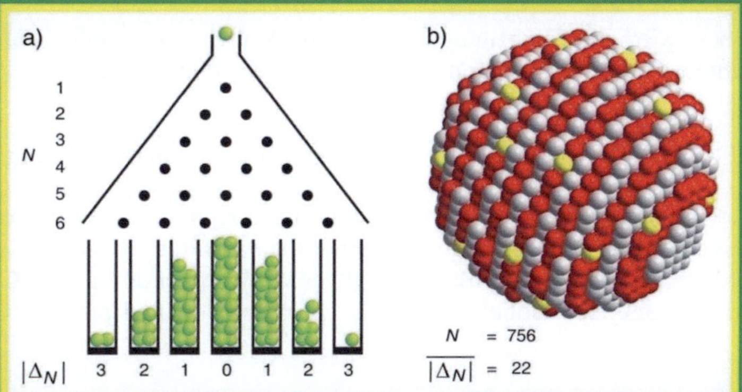

Richardsons Phänomen: Glücksspiel der Atome

Hessische Chemiker des neunzehnten Jahrhunderts

Die vorliegende geschichtliche, teils populärwissenschaftliche Abhandlung aus dem Fachbereich Chemie der Philipps-Universität Marburg umreißt das Vermächtnis des Chemikers *Friedrich August Genth* aus Wächtersbach und stellt ihn drei anderen bedeutenden Chemikern aus Hessen an die Seite: *Justus Liebig*, *Peter Grieß* und *Friedrich August Kekulé.*

Das wichtigste Anliegen ist es, aufzuzeigen, dass der Mineralname ‚Bunsenit' für natürlich vorkommendes, kristallisiertes Nickeloxid (NiO) genau genommen zu Unrecht besteht. Aus historischer Sicht zutreffend wäre vielmehr der Name ‚Genthit', denn Genth – nicht, wie vormals angenommen, Bunsen – hat am Marburger chemischen Institut als erster wohlkristallines NiO in Händen gehabt.

Daneben wird die Bedeutung Genths (tatsächlich oder potentiell) für die Geschichte der Chemie und für die aktuelle Nanoforschung umrissen.

Schließlich werden zwei neue chemiehistorische Erkenntnisse mitgeteilt:

1. Es wird gezeigt, dass ein Vertreter derjenigen Kobalt(III)-Amminkomplexe, welche von Genth am Marburger chemischen Institut 1847/1848 entdeckt wurden, bereits ein halbes Jahrhundert früher von dem renommierten Chemiker Thénard in Frankreich isoliert, qualitativ charakterisiert und publiziert worden war.

2. Es wird dargelegt, dass in einer der *„zwei am häufigsten wiedergegebenen Illustrationen in der ganzen Geschichte der Chemie"* (Brock; siehe obige Abbildung) von *Wilhelm Trautschold* wahrscheinlich unter Anderen auch Genth als junger Student in Gießen abgebildet ist, neben dem ersten amerikanischen Liebig-Schüler *John Lawrence Smith.*

Friedrich August Genth aus Wächtersbach und die Entdeckung der ersten NiO-Kristalle am Marburger chemischen Institut unter Robert Wilhelm Bunsen

Marek Petrik

Fachbereich Chemie und Wissenschaftliches Zentrum für Materialwissenschaft (WZMW), Philipps-Universität, Hans-Meerwein-Straße, 35043 Marburg, Deutschland

Korrigierte Ausgabe eines zugleich in den *Sammlungen zur Geschichte von Wächtersbach* (ISSN 0931-2641, Jahrgang **2013**, Nr. 421, S. 18 ff.) erscheinenden Aufsatzes

Marburg

2013

Bibliografische Information der Deutschen Nationalbibliothek
Die Deutsche Nationalbibliothek verzeichnet diese Publikation in der Deutschen Nationalbibliografie; detaillierte bibliografische Daten sind im Internet über http://dnb.d-nb.de abrufbar.
1. Aufl. - Göttingen : Cuvillier, 2013

978-3-95404-350-7

Anschrift des Autors:

Dipl.-Ing. Marek Petrik
Vogelsbergstraße 13
35043 Marburg
Deutschland

E-Mail: *petrik@chemie.uni-marburg.de*

Layout und Umschlagentwurf: Marek Petrik

Nonnenstieg 8, 37075 Göttingen
Telefon: 0551-54724-0
Telefax: 0551-54724-21
www.cuvillier.de

1. Auflage, 2013
Gedruckt auf säurefreiem Papier

978-3-95404-350-7

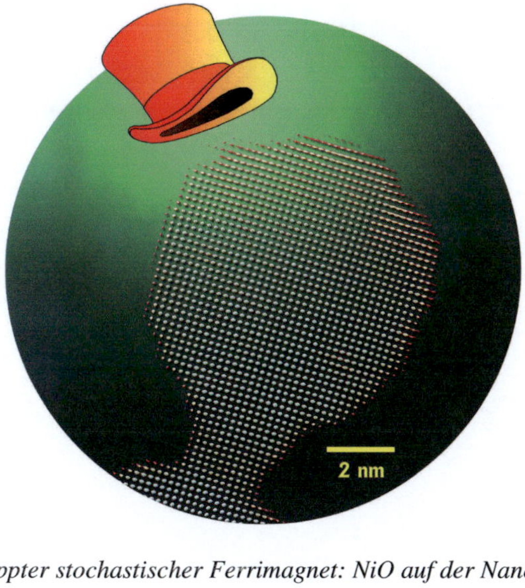

Verkappter stochastischer Ferrimagnet: NiO auf der Nanoskala

(Petrik/Harbrecht/Schaper/Weisbrod, Philipps-Universität Marburg, WZMW, 2006/2012 – vgl. Abb. 5 und Literatur [12])

Inhalt

Herrn Professor Dr. Klaus Hafner (Darmstadt),
Alumnus der alten Marburger chemischen Schule,
gewidmet

Inhaltsübersicht

Das wichtigste Anliegen des vorliegenden Aufsatzes ist es, kurz aufzuzeigen, dass der Mineralname ‚Bunsenit' für natürlich vorkommendes kristallisiertes Nickeloxid (NiO) genau genommen zu Unrecht besteht. Aus historischer Sicht zutreffend wäre vielmehr der Name ‚Genthit', denn Genth – nicht, wie vormals angenommen, Bunsen – hat am Marburger chemischen Institut als erster auf der Welt wohlkristallines NiO in Händen gehabt.

Allein, zu der Zeit, als der Name ‚Bunsenit' geprägt wurde, gab es bereits seit kurzem ein Mineral mit dem Namen ‚Genthit' – Genth hatte gleichsam schon den Ehrenplatz inne. Durch eine Ironie der Geschichte wurde ihm dieser Platz jedoch im 20. Jahrhundert wieder abgesprochen, da sich der ‚Genthit' lediglich als Varietät eines anderweitigen Minerals entpuppte. So musste Genth als Namenspatron posthum wieder abgesetzt werden, während Bunsen nach wie vor auf seinem Ehrensitz verharrt.

Daneben wird die Bedeutung Genths (tatsächlich oder potentiell) für die Geschichte der Chemie und für die aktuelle Nanoforschung umrissen.

Schließlich werden zwei neue chemiehistorische Erkenntnisse mitgeteilt:

1. Es wird gezeigt, dass ein Vertreter derjenigen Kobalt(III)-Amminkomplexe, welche von Genth am Marburger chemischen Institut 1847/1848 entdeckt und mit Oliver Wolcott Gibbs in Amerika bis 1856 eingehend studiert wurden, bereits beinahe ein halbes Jahrhundert früher von dem renommierten Chemiker Thénard in Frankreich isoliert, qualitativ charakterisiert und publiziert worden war.

2. Es wird dargelegt, dass in einer der *„zwei am häufigsten wiedergegebenen Illustrationen in der ganzen Geschichte der Chemie"* (Brock)[20] von Wilhelm Trautscholds Hand sehr wahrscheinlich unter Anderen auch Genth als junger Student in Gießen abgebildet ist, zusammen mit dem ersten amerikanischen Liebig-Schüler *John Lawrence Smith* (1818-1883).

Auf die am Schluss angeführte Literatur wird ausgiebig im Text durch Verweise in eckigen Klammern Bezug genommen.

1. Einleitung

Hessen ist die Wiege der modernen Chemie. – Solcherart historische Vereinfachungen müssen natürlich mit einer gehörigen Priese Salz genossen werden. Es ist aber nicht zu leugnen, dass in Hessen vier der größten Pioniere der modernen Chemie geboren wurden und hier aufwuchsen. Dies waren (Abbildung 1, vgl. auch Abschnitt 3.):

Justus Liebig (1803-1873) aus Darmstadt (Großherzogtum Hessen), *Friedrich August Genth* (1820-1893) aus Wächtersbach (bei Gelnhausen, südliches Kurfürstentum Hessen), *Peter Grieß* (1829-1888) aus Kirchhosbach (bei Sontra, unweit von Eschwege, nordöstliches Kurfürstentum Hessen) und *Friedrich August Kekulé* (1829-1896) aus Darmstadt (wie Liebig).

Abb. 1: Vier hessische Pioniere der modernen Chemie. — a) *Justus von Liebig*, eine Photographie, welche z.B. bei Huisgen[49] wiedergegeben ist; auch als Portraitzeichnung von Julius Ehrentraut[50] erhalten. — b) *Friedrich August Genth*,[34] aufgenommen möglicherweise 1880 anlässlich seiner Wahl zum fünften Präsidenten der ‚American Chemical Society' (ACS).[4] — c) *Peter Grieß*,[2] Portrait möglicherweise anlässlich seiner Wahl im Jahr 1868 zum ‚Fellow' der ‚Royal Society' in London. — d) *Friedrich August Kekulé*, Aufnahme von 1890.[1]

Bezeichnenderweise war auch der erste Lehrstuhl der Welt für Chemie und pharmazeutische Chemie, zeitgenössisch ‚Chymiatrie' genannt, bereits im Jahre 1609 in Mittelhessen an der Philipps-Universität in Marburg eingerichtet worden, so dass unlängst ein vierhundertjähriges Jubiläum gefeiert werden konnte.

Die Bedeutung eines Chemikers des neunzehnten Jahrhunderts lässt sich entweder an seinen persönlichen wissenschaftlichen Leistungen ermessen, oder an seinen akademischen Schülern (seiner ‚Schule'), welche in der Folge selbst eine herausragende Stellung erlangt haben. Alle vier der oben genannten Chemiker leben bis heute in ihren persönlichen wissenschaftlichen Leistungen fort – in modernen Lehrbüchern begegnen wir ihren Entdeckungen oder Erkenntnissen sozusagen auf Schritt und Tritt (Abbildung 2). Es erscheint daher gerechtfertigt, sie zu den größten Pionieren der Chemie zu rechnen. Doch was die Pflege einer ‚Schule' betrifft, taten sich lediglich zwei von ihnen hervor.

Liebig in Gießen unterhielt das wohl auf der Welt bekannteste Unterrichtslaboratorium für Chemie, dessen Schüler häufig international bekannt wurden. Auch Genth (Abbildung 3) und Kekulé sind daraus hervorgegangen. Kekulé, obgleich pädagogisch nicht so sehr veranlagt wie Liebig, leitete dennoch – zuerst als Privatdozent in Heidelberg, dann als Professor in Gent (Belgien) und schließlich in Bonn – ununterbrochen einen mehr oder minder großen Arbeitskreis (vgl. Abschnitt 3., Abbildung 19a), aus welchem eine Anzahl bedeutender Akademiker hervorgegangen ist.[1]

Im Gegensatz zu Liebig und Kekulé war Grieß kein akademischer Lehrer. Er führte seine chemischen Untersuchungen stets eigenhändig durch, wenn auch nicht ganz eigenbrödlerisch, denn er unterhielt engen Kontakt zur chemischen Industrie. Doch er war dafür bekannt, dass er in manchen Dingen recht eigensinnig sein konnte.[2]

Genth, schließlich, mit welchem wir uns im Folgenden hauptsächlich befassen wollen, hatte sich zwar in Marburg habilitiert – das erfolgte damals seit einem Ministerialerlass von 1830 im Zuge der Promotion in Marburg beinahe ‚automatisch'[3] –, und war auch viele Jahre Professor für Chemie in Amerika, aber ähnlich wie Grieß bevorzugte er es, alleine zu arbeiten. So schrieb Edgar Fahs Smith im Jahre 1926 über Genth anlässlich des Jubiläums zum fünfzigjährigen Bestehen der amerikanischen chemischen Gesellschaft (ACS), zu deren Gründungsmitgliedern Genth gezählt hatte: *„Genth arbeitete bei seinen mineralogischen Untersuchungen selten mit jemandem anderen zusammen (…)"* (Übersetzung aus dem Englischen).[4] Dank seiner eigenhändigen mineralogischen Untersuchungen hat Genth über ein Dutzend neuer Minerale entdeckt.

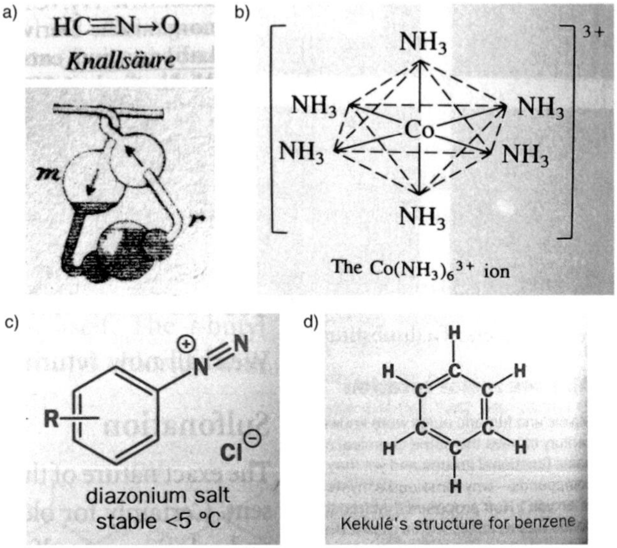

Abb. 2: In Lehrbüchern begegnen sie uns auf Schritt und Tritt – vier Moleküle, für welche die vier Chemiker aus Hessen (jeweils wie in Abbildung 1 a-d) bis heute bekannt sind. — a) *Liebig*: Knallsäure,[51] zugleich charakteristisch für die von Liebig mittels des sog. Fünfkugelapparates (unteres Bild, aus der Originalveröffentlichung)[52] vereinfachte und perfektionierte organische Elementaranalyse – diese dient zur quantitativen Bestimmung gerade derjenigen vier Elemente, aus welchen sich die Knallsäure zusammensetzt, nämlich Kohlenstoff C, Wasserstoff H, Stickstoff N, sowie (aus der Differenz) Sauerstoff O. — b) *Genth*: Hexamminkobalt(III)-Komplexkation[53] (‚Luteokobalt' nach altem Sprachgebrauch). — c) *Grieß*: Benzoldiazonium-Kation[54] (am Phenyl substituiert durch Rest R). — d) *Kekulé*: Benzol-Ringformel[54] (vgl. Abbildung 19).

Abb. 3 (folgende Seite): Würdigung der Gießener Liebig-Schule und der aus ihr hervorgegangenen amerikanischen Chemiker (nach einer Illustration von 1932).[55] *F. A. Genth* (rechts oben) sieht auf dieser auch bei Jahn et al. wiedergegebenen Photographie[7] etwas jugendhafter aus als in Abbildung 1, sein Blick ist feuriger, sein Bart zersaust, er erscheint eine Spur schlanker (aufgenommen möglicherweise 1872 anlässlich Genths Berufung auf die Professur für Chemie an der Universität von Philadelphia). *Wolcott Gibbs* (links unten) hat in Amerika mit Genth an der großen klassischen Untersuchung über die – von Genth in Marburg entdeckten – Kobalt(III)-Amminsalze zusammengearbeitet (1852-1856).[27] *John Lawrence Smith* (links oben) war der erste Amerikaner, welcher in Liebigs Laboratorium tätig gewesen war,[56] und ist wahrscheinlich auf Trautscholds bekannter Zeichnung von 1842 (Abbildung 17) neben Genth und Wilhelm Keller zu sehen, die beide 1848 nach Philadelphia ausgewandert sind.

Liebig und Kekulé waren demnach weltoffener als Genth oder Grieß. Die ersteren zwei Wissenschaftler übernahmen Führungsrollen (besonders Liebig), während die letzteren zwei nicht im Rampenlicht standen (besonders Grieß nicht). Dieses spiegelt sich bis heute in ihrer ‚Ikonographie' (im ursprünglichen Sinne des Wortes) wieder. Von Liebig und Kekulé sind viele Photographien, sowie Gemälde und Skulpturen, erhalten. Von Genth hingegen liegen lediglich

Some Pupils of Liebig Who Contributed to the Development of Chemical Education in America

zwei photographische Aufnahmen vor (zeitlich nicht weit auseinander, Abbildung 1 und 3), und ähnliches trifft auf Grieß zu (Abbildung 1 und 18). Es ist daher von Interesse, dass ein flüchtiges Portrait des jungen Genth wahrscheinlich schon auf einer Skizze von 1841 vorkommt, wie in Abschnitt 3. dargelegt wird.

Genth ist heute als Chemiker vor allem wegen der Entdeckung und späteren ausführlichen Untersuchung der Kobalt(III)-Amminkomplexe bekannt (vgl. Abschnitt 3.). Er beobachtete die erste dieser zumeist in schönen Farben kristallisierenden Verbindungen am Marburger chemischen Institut im Winter 1847/1848, ein halbes Jahr vor seiner Emmigration nach Amerika.[5] Für uns ist jedoch eine etwas frühere wissenschaftliche Leistung Genths – aus seiner Zeit als Doktorand in Marburg – von noch größerem, und zwar nicht bloß lokalpatriotischen, Interesse: die Entdeckung der ersten wohldefinierten Kristalle von Nickeloxid (NiO), von Genth im Jahre 1845 publiziert (vgl. Abbildung 9).[6]

Im folgenden soll nicht nur über diese Entdeckung berichtet werden, sondern auch darüber, warum Nickeloxid heute immer noch ein besonderes wissenschaftliches Interesse besitzt. Ganz im Geiste der letzten beiden Biographen Genths, *Gerhard Jahn* und *Bruno Brill*,[7] soll auch Genths Bedeutung für die Chemie aus heutiger Sicht gewürdigt werden, unter Anderem durch Anführen von Beispielen für das Fortwirken Genths im aktuellen chemischen Schrifttum, etwa in Lehrbüchern (Abbildung 2). Das hier präsentierte Material soll im übrigen die genannte hervorragende biographische Arbeit[7] lediglich ergänzen. Denn das von Jahn und Brill verfasste Werk wird für immer eine angenehme Pflichtlektüre für alle Genth-Forscher (und Genth-Freunde) bleiben.

2. Von Nickeloxid zu Bunsenit

2.1. Nickeloxid – ein Antiferromagnet par excellence

Warum beschäftigen wir uns heute in Marburg mit Nickeloxid? – Eine alte Frage soll beantwortet, ein altes Rätsel gelöst werden. Bevor wir in den nächsten Abschnitten näher darauf eingehen, seien zunächst einige wenige physikalische Grundlagen vorausgeschickt. Nickeloxid – im Folgenden durch seine chemische Formel NiO abgekürzt – ist antiferromagnetisch. Man kann auch sagen: NiO ist ein Antiferromagnet. Es ist nicht weniger magnetisch als beispielsweise Eisen. Aber sein Magnetismus ist nicht unmittelbar, etwa mittels eines Magneten, nachzuweisen. Es handelt sich vielmehr um eine Art von ‚verstecktem' Magnetismus. Denn während in Eisen die atomaren magnetischen Momente (Elementarmagnete) parallel gerichtet sind und sich gegenseitig in ihrer magnetischen Wirkung auf die Umgebung unterstützen, findet sich in NiO zu jedem einzelnen Elementarmegneten ein anderer, welcher genau entgegen gerichtet ist (Abbildung 4). So kompensieren sich alle magnetischen Momente vollkommen. Die Folge ist, dass sich NiO wie ein nichtmagnetisches Material verhält (‚nichtmagnetisch' im Sinne von ‚nicht ferromagnetisch').

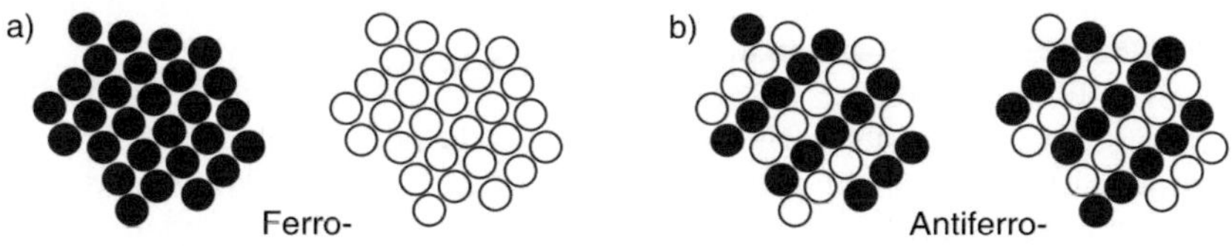

Abb. 4: Ferromagnetismus und Antiferromagnetismus schematisch gegenübergestellt. — a) Die atomaren Elementarmagnete in einem ferromagnetischen kristallinen Festkörper – das bekannteste Beispiel ist Eisen – sind alle entweder nach oben (schwarz) oder nach unten (weiss) gerichtet, ihre Wirkung nach Außen addiert sich in jedem Falle. — b) Die Wirkung der nach oben und nach unten gerichteten Elementarmagnete hebt sich im Antiferromagneten (beispielsweise NiO) gegenseitig vollständig auf, der Magnetismus – obgleich absolut nicht schwächer als beim Ferromagneten – ist hier also ‚versteckt' (selbstkompensiert).

Da es sich also bei dem Magnetismus von NiO quasi um eine sich nicht bemerkbar machende Eigenschaft handelt (aber, wohlgemerkt, nicht um eine gar nicht vorhandene Eigenschaft, was kein brauchbares Alleinstellungsmerkmal wäre), so nimmt es nicht Wunder, dass es Jahrtausende gedauert hat, bis eine so besondere Art von Magnetismus entdeckt werden konnte. Dies ist dem französischen Physiker *Louis Néel* (1904-2000, Abbildung 6a) kurz vor dem zweiten Weltkrieg geglückt, zunächst durch Aufstellen eines theoretischen Modells. Nach Kriegsende konnte das Modell dann auch experimentell durch Neutronenbeugung, d.h. Messung der Beugung von Neutronenstrahlen, an Manganoxid – einem weiteren Antiferromagneten mit ähnlichen Eigenschaften wie NiO – von amerikanischen Physikern bestätigt werden. Néel wurde für seine Arbeiten über den Antiferromagnetismus (sowie den hier nicht besprochenen Ferrimagnetismus) im Jahre 1970 der Nobel-Preis für Physik verliehen.[8]

NiO ist nun aber nicht einfach nur ein Antiferromagnet, es ist sogar ein besonders guter Antiferromagnet, besser als zum Beispiel das oben genannte Manganoxid. Das beruht auf einer besonders starken Kopplung der antiparallel gerichteten Elementarmagnete, weshalb diese nur unter großer Energiezufuhr (im Normalfall Wärmeenergie) gezwungen werden können, eine andere gegenseitige Orientierung einzunehmen. Die gegenseitige Kopplung der Elementarmagnete in NiO ist zwar nicht die stärkste unter allen bekannten Antiferromagneten. Aber NiO ist noch durch eine andere vorteilhafte Eigenschaft ausgezeichnet: es weist eine sehr einfache Kristallstruktur auf.

Die Kristallstruktur eines festen Stoffes (in der Physik als Festkörper bezeichnet) besagt, wie die Atome, aus welchen der Stoff sich zusammensetzt, im dreidimensionalen Raum angeordnet sind. Es hat sich herausgestellt, dass in NiO die Ni- und O-Atome im Raum genau so zueinander angeordnet sind, wie die Natrium- und Chlor-Atome in Kochsalz (Abbildung 5c). Man sagt daher, NiO habe die Kochsalzstruktur. Unter allen Antiferromagneten mit der einfachen Kochsalzstruktur ist aber gerade NiO derjenige mit der stärksten Kopplung der antiparallelen Elementarmagnete. In NiO ist also eine einfache Struktur mit einer starken antiferromagnetischen Kopplung kombiniert, was dazu geführt hat, dass NiO heute als ein kanonischer Antiferromagnet gilt – es ist ein Antiferromagnet par excellence.

2.2. Richardsons Phänomen

Es wurde in der Einleitung schon erwähnt – weiter unten wird darüber genauer berichtet –, dass die ersten NiO-Kristalle von Genth entdeckt wurden, während er noch Doktorand in Marburg war. Ein Jahrhundert danach, in den 1950er Jahren, entdeckte ein anderer Doktorand – am Rice-Institut in Houston, Texas –, dass sehr feine NiO-Kristalle, nämlich Nanokristalle in der Größenordnung von 10 Nanometern (nm), im Gegensatz zu massivem NiO durchaus magnetisch sind. Er publizierte seinen überraschenden experimentellen Befund 1956[9] gemeinsam mit seinem Doktorvater, *Winfred O. Milligan* (1908-1984),[10] Kolloidchemiker und damals Professor für Chemie am Rice-Institut.

Der Doktorand war *James Thomas Richardson*, heute Professor für chemische Technologie (Schwerpunkt Katalyse) an der Universität von Houston (Abbil-

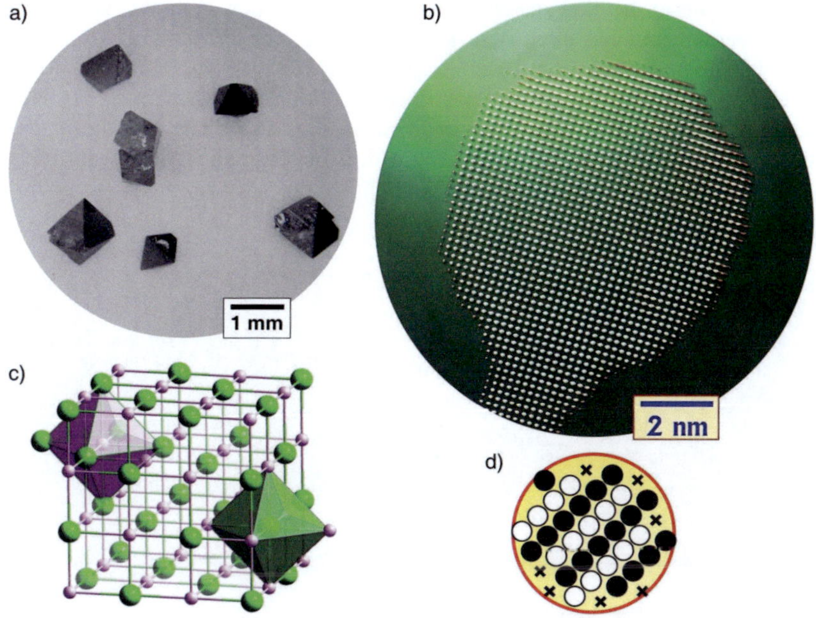

Abb. 5: Nickeloxid (NiO). — a) So müssen sich Genth in Marburg die ersten NiO-Kristalle – von ihm als ‚reguläre Oktaeder' beschrieben – dargestellt haben: millimetergroße Kristalle unter dem Mikroskop (hier aus der Gasphase durch sog. chemischen Transport gewachsen):[57] *„Sie sind undurchsichtig und besitzen Metallglanz"* (Genth, Abbildung 9).[6] Die Farbe von NiO unterscheidet sich je nach Darstellungsweise sehr stark – sie variiert von Schwarz über Braun oder Orange bis ‚Pistaziengrün' (Bergemann, vgl. Abbildung 12) – und ist u.a. von dem renommierten Marburger Festkörperchemiker *Dirk Reinen* (jetzt Emeritus) erforscht worden.[58] — b) Heute können in Marburg NiO-Nanokristalle bis auf jedes einzelne Ni-Atom (in der Projektionsebene) mit Hilfe eines Transmissionselektronenmikroskops abgebildet werden: dieses Exemplar, welches eine Übergangsform zwischen Kubus und Oktaeder aufweist, ist etwa hunderttausendmal kleiner als die Kristalle in a) (wir danken Andreas Schaper und Achim Weisbrod, Labor für Elektronenmikroskopie und Mikroanalyse, Philipps-Universität Marburg, für das mittels Fourier-Transformation nachbearbeitete Bild).[59] — c) Kochsalzstruktur von NiO:[63] Die Anordnung der Atome in einem kubischen Gitter ist die Ursache dafür, dass z.B. gewöhnliches Salz aus Wasser in Würfeln kristallisiert. Die Oktaederform der NiO-Kristalle in a) passt aber ebenso gut zu diesem Gitter, denn jedes Ni-Atom (kleine Kugeln) ist, wie angedeutet, oktaedrisch von sechs O-Atomen (große Kugeln) umgeben. Die Blickrichtung (Projektionsrichtung) in b) liegt entlang einer der Würfelkanten. — d) Schematische Darstellung eines NiO-Nanopartikels mit ungleichzahliger atomarer Besetzung der zwei Teilgitter, woraus Richardsons Phänomen entspringt (die Kreuze kennzeichnen Leerstellen an der Oberfläche, entstanden durch die statistische Verteilung der Atome – die Oberfläche ist gleichsam aufgerauht).

dung 6b). Dieser Effekt, später Richardsons Phänomen genannt, konnte nicht erklärt werden und hat auch dem Entdecker des Antiferromagnetismus, Louis Néel, viel Kopfzerbrechen bereitet. Néel entwickelte verschiedene Modellvorstellungen, um Richardsons Phänomen zu erklären. Nachdem er den Nobel-Preis bekommen hatte, sagte er einmal im Scherz zu Richardson, dieser würde vielleicht den Nobel-Preis an Stelle von ihm bekommen haben, wenn er sein Phänomen hätte selbst erklären können.[11]

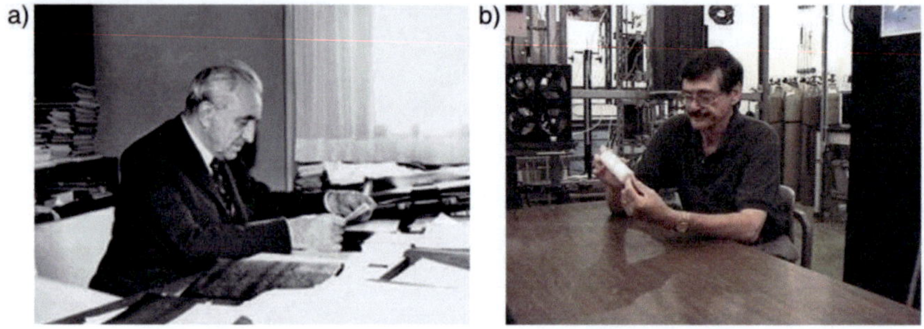

Abb. 6: Zwei Pioniere auf dem Gebiet des Nanomagnetismus von Nickeloxid: — a) *Louis Néel* (Theoretiker und Nobelpreisträger von 1970)[60] und — b) *James Thomas Richardson* (Meister des Experiments, hier im Jahr 2000 einen sog. Sabatier-Katalysator aus keramischem Schaum in Händen haltend, entwickelt für den möglichen Einsatz in Mars-Sonden).[61]

Dennoch besteht bis heute kein Konsens darüber, wie Richardsons Phänomen zu erklären ist. Néels Modellvorstellungen bieten verschiedene denkbare Alternativen an. Aber die experimentelle Überprüfung bleibt schwierig, da die genaue Messung des Magnetismus von Nanokristallen eine nicht triviale Aufgabe ist. Viele wissenschaftliche Arbeitsgruppen auf der Welt haben in den letzten 50 Jahren versucht, dieses zwar recht einfach anmutende, aber doch fundamentale physikalische Rätsel zu lösen (ein kurzer Übersichtsartikel von uns ist vor kurzem hierüber erschienen).[12] Wir beschäftigen uns in Marburg seit einigen Jahren mit dieser Frage am hiesigen chemischen Institut, welches somit seit Genths Zeit eine Heimstätte der Nickeloxid-Forschung geblieben ist.

2.3. Von großen Einkristallen zu kleinsten Nanokristallen

Zwei Dinge sind nötig, damit Richardsons Phänomen auftreten kann: 1. Die Kristallstruktur muss stimmen, denn die antiparalle Kopplung der atomaren Elementarmagnete (von Physikern ‚Superaustausch' genannt) ist von der räumlichen Anordnung der Atome abhängig, und 2. die Kristalle müssen sehr klein sein, nämlich nanoskalig. Die erste Forderung ist beim NiO aufs Beste erfüllt, da sein Kristallgitter enorm stabil ist. Dies äussert sich schon in seinem sehr hohen Schmelzpunkt (Schmelztemperatur) von 1984 °C. Eine so beträchtliche Stabilität hat aber auch zur Folge, dass es schwierig ist, große (selbst millimetergroße) Kristalle, sog. Einkristalle, zu züchten – damit Kristalle wachsen, müssen die Atome hinreichend ‚beweglich' sein. Umgekehrt ist es recht leicht, sehr kleine, im wörtlichen Sinne ‚unsichtbare' Nanokristalle darzustellen (d.h. chemisch zu synthetisieren). Solche Kristalle sind nicht sichtbar, da ihre Größe kleiner ist als die Wellenlänge des Lichts von ca. 500 Nanometern (nm). Erst wenn ‚ultrafeine' Kristalle angestrebt werden, mit Abmessungen unter 5 nm, werden wieder besondere Anstrengungen erforderlich, denn bei so kleinen Kristallen spielt schon die Bewegung von einigen wenigen Atomen eine merkliche Rolle: sie wachsen um so schneller, je kleiner sie sind, und um so schwieriger ist es, sie während der Darstellung am Wachsen zu hindern.

Nach dem Gesagten ist es verständlich, dass die erste erfolgreiche Darstellung von deutlich sichtbaren NiO-Kristallen von historischem Interesse ist. Bei Durchsicht der Literatur sind wir so auf Genth gestoßen. Er beobachtete zum ersten mal etwa zehntelmillimetergroße NiO-Kristalle (wahrscheinlich ganz ähnlich jenen in Abbildung 5a) im Jahre 1845. Allerdings hatte er sie nicht selbst dargestellt, sondern entdeckte sie auf der Oberfläche von umgeschmolzenem Rohkupfer, welches von der damaligen Friedrichshütte (Kupferhütte) bei Riechelsdorf (Hessen) stammte. Die chemische Analyse dieses Rohkupfers bildete einen Teil seiner Promotionsarbeit, angefertigt am Marburger chemischen Institut (Abbildung 7) im Wintersemester 1844/1845. Dabei wurde er von *Robert Wilhelm Bunsen* (1811-1899) betreut, und 1845 promoviert. Anschließend war er Assistent von Bunsen, bevor er im Sommer 1848 nach Amerika auswanderte.[7]

Bunsen als akademischer Lehrer war dafür bekannt, dass er seinen fortgeschrittenen Studenten freie Hand liess (was aber wohl von jedem großen Lehrer gesagt werden könnte). Er selbst war wissenschaftlich vielseitig interessiert und ist zunächst auf dem Gebiet der organischen Chemie weithin bekannt geworden, da er – anfangs in Kassel als Lehrer an der höheren Gewerbeschule, dann in Marburg als außerordentlicher Professor – die ersten metallorganischen Verbindungen genau charakterisierte, nämlich jene des Halbmetalls Arsen. Sie sind als Kakodyl-Verbindungen bezeichnet worden, aufgrund ihres furchtbaren Geruchs. Bei diesen Arbeiten verlor Bunsen der Überlieferung nach bei einem Unfall die Sehkraft auf einem Auge. Er war ein großer Experimentator, für Theorien hatte er wenig Sinn. Einer seiner Schüler, der englische Chemiker Henry Enfield Roscoe, hat im Zusammenhang mit einem historischen Kongress der theoretischen Chemie über Bunsen bemerkt:

a)

b)

c)

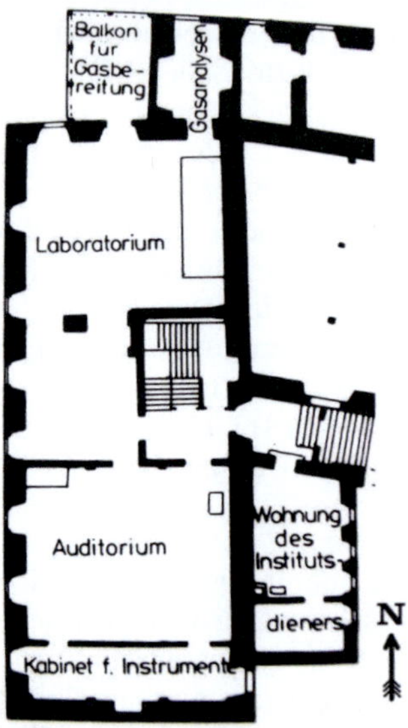

d)

„Er [Bunsen] *sagte immer, dass eine neue chemische Tatsache* [d.h. eine neue experimentelle Beobachtung], *selbst eine nicht wichtige, den gleichen Wert hat, wie ein ganzer Kongress, auf welchem über theoretische Fragen diskutiert wird"* (Übersetzung aus Fruton).[13]

Ein exakter Altersgenosse (1820-1893) von Genth, der englische Physiker John Tyndall, bekannt für den sog. Tyndal-Kegel (Lichtstreuung in kolloiden Nanodispersionen, wodurch auch die blaue Farbe des Himmels erklärt wird), berichtete aus seiner Studienzeit bei Bunsen in Marburg von 1848 bis 1850, also

Abb. 7 (vorhergehende Seite): Westflügel des sog. ‚deutschen Hauses' (ehemals Deutschordensgebäude) in Marburg, welches von 1825 bis 1881 das chemische Institut der Universität beherbergte. In diesem Gebäude entdeckte Genth 1845 die ersten NiO-Kristalle[6] (Abbildungen 5a und 9), sowie etwa drei Jahre später die prachtvoll kristallisierenden Kobalt(III)-Amminkomplexe (Abbildung 14). Ein Jahrzehnt später entdeckte Peter Grieß hier die Diazoverbindungen (Abbildung 2c). Die bekannte Elisabethkirche steht rechts (jeweils am Bildrand ist ein Pfeiler zu erkennen) nur einige Meter vom damaligen chemischen Institut entfernt.— a) Süd-West-Ecke im Dezember 2011. — b) Süd-West-Ecke vor 1920 (Photo-Marburg, Archiv-Nr. 14,745). — c) Plan des ersten Stockwerks zu Genths Zeit (um 1850).[3] — d) *Robert Wilhelm Bunsen* um 1860 als Professor in Heidelberg (Photographie aus der Sammlung im Kekulé-Zimmer, Darmstadt).[1] Bunsen war von 1839 bis 1851 Professor in Marburg. Das auf dem Umschlag gezeigte Portrait aus den Marburger Jahren[48] (etwa zur Zeit Genths) ist auch bei Jahn et al. wiedergegeben.[7]

---

direkt nach Genths Weggang: *„Bunsen war eine stattliche Erscheinung, schlank, schön, ritterlich und ohne Spur von Affektation oder Pedanterie. Er ging in seinem Gegenstande auf; sein Vortrag war lichtvoll, seine Sprache rein; er sprach den sauberen hannoverschen Dialekt, der englischen Ohren so wohl klingt; er war jeder Zoll ein Gentleman.* (…) *Manchmal schien er abwesend und starrte durch das Fenster auf den massiven Bau der Elisabethkirche hinaus, als dächte er mehr an diesen als an seinen Vortrag. Aber keine Unterbrechung, kein Stocken oder Stammeln verrieten, dass er sich einen einzigen Augenblick hätte zerstreuen lassen."*[14] (Allerdings dürfte aus den Fenstern des Auditoriums des deutschen Hauses vom Pult des Vortragenden die Elisabethkirche nicht sichtbar gewesen sein – die heutigen Fenster auf der Südseite zur Elisabethkirche hin waren nicht vorhanden, stattdessen befand sich dort der Vorbereitungsraum des Auditoriums, vgl. Abbildung 7).

Bunsen liebte das (genial) Einfache im Leben. So erfand er eine Reihe unglaublich einfacher und dennoch ungemein nützlicher Hilfsmittel für die tägliche Laborarbeit des Chemikers. Am bekanntesten gemacht hat ihn wohl die Erfindung – zusammen mit Gustav Kirchhoff – der chemischen Spektralanalyse. Durch diese wurde es möglich, selbst die Chemie der Sterne am Himmel experimentell zu erforschen. Ob Bunsen den Bunsen-Brenner – welcher vorrangig für die Spektralanalyse benötigt wurde – tatsächlich erfunden oder nur aus einem anderweitigen Vorläufer entwickelt hat, ist viel diskutiert worden. Sicher ist jedenfalls, dass z.B. folgende höchst einfache Geräte (eigentlich nur simple Vorrichtungen) ihm zu verdanken waren: 1. Die Wasserstrahlpumpe, damals noch ‚invers' betrieben, zum Einsatz bei Filtrationen in der quantitativen chemischen Analyse; allerdings gab es hier einen kleinen Prioritätsstreit mit Sprengel, dem Erfinder der Quecksilber-Vakuumpumpe. 2. Das Bunsenventil – bestehend lediglich aus einem Stück angeschlitzten Gummischlauches – zur Durchführung chemischer Reaktionen unter Luftausschluss, wenn zugleich eine

Gasentwicklung statt findet. 3. Das Fettfleckphotometer, zur Messung der relativen Lichtstärke, etwa in der Photochemie. Bei dem letzteren handelte es sich in der Tat, wie der Name besagt, lediglich um ein Blatt Papier mit einem Fettfleck in der Mitte. – Es bleibt anzumerken, dass Bunsen im übrigen sein Leben lang Junggeselle blieb.

Genth hatte sich also entschieden, sein Studium bei Bunsen in Marburg zu Ende zu führen, und nicht etwa bei dem viel berühmteren Liebig in Gießen. Bei diesem hatte er früher drei Semester lang studiert und vor allem auch in dessen Gießener Laboratorium gearbeitet (Abbildung 8), worauf in Abschnitt 3. ausführlich eingegangen wird. Doch er blieb Liebig weiterhin verbunden. Der junge Doktorand teilte seine neue Beobachtung sogleich dem früheren akademischen Lehrer mit, welcher sie in den renommierten ‚Annalen der Chemie' veröffentlichte (Abbildung 9).[6]

In der Zeit vor Genths Entdeckung der NiO-Kristalle kannte man das Nickeloxid lediglich als *„dunkelaschgraues, nicht magnetisches Pulver"* (Gmelin 1817),[15] was wenig wissenschaftliches Interesse bot. Die neuen NiO-Kristalle fanden daher schnell den Weg in das Schrifttum. So finden wir in einem Standard-Lehrbuch der damaligen Zeit (von Friedrich Wöhler, dem ebenfalls berühmten Chemiker aus Frankfurt am Main) sogar das von Genth

a) b) c)

nicht korrekt bestimmte spezifische Gewicht des Nickeloxids von 5,7 (g/cm^3) zitiert.[16] Daraus ist ersichtlich, dass die neue Entdeckung des jungen Genth damals durchaus Beachtung fand. Bunsen wird natürlich von der in seinem Institut ausgeführten Arbeit Kenntnis gehabt haben. Hätte er selbst bereits kristallines NiO früher als Genth beobachtet, so wäre dies in der Publikation erwähnt worden. Dies belegt, dass – entgegen früheren Annahmen – nicht Bunsen, sondern in der Tat Genth das kristallisierte NiO als Erster beobachtet hat. Bevor hierauf, sowie auf die Geschichte des sog. Bunsenits, eingegangen wird, soll aber von dem genauen Gegenteil der beinahe üppig gewachsenen, nicht zu übersehenden NiO-Kristalle Genths die Rede sein – nämlich von submikroskopisch kleinen NiO-Nanokristallen, wie sie heute in Marburg erforscht werden (Abbildung 5b).

2.4. Das Spiel der Atome

Heute gehen am Marburger chemischen Institut die Bemühungen dahin, möglichst kleine Nanokristalle (meistens weniger präzise als Nanopartikel bezeichnet) darzustellen, nicht nur solche von NiO, sondern auch von anderen Antiferromagneten (ein Beispiel findet sich in Abschnitt 3.). Dies stellt, wie schon angedeutet, keine leichte Aufgabe dar. Bislang waren 5 nm Durchmesser eine Art ‚magische untere Grenze' für wohlcharakterisierte NiO-Nanopartikel. Auf die ebenfalls wichtige Frage, welche Rolle die Form der Nanopartikel spielt, wird im Folgenden allerdings nicht eingegangen – lediglich die durchschnittliche Größe wird betrachtet. Die Voraussetzung ist aber immer, dass der Festkörper perfekt kristallin ist, auch bei ultrafeinsten Partikeln, genau so, wie es bei Genths ersten Kristallen augenscheinlich der Fall war (Abbildung 5a). Denn nur so wird der Antiferromagnetismus unabhängig von der Partikelgröße bestehen bleiben können.

Es ist uns nun gelungen, NiO-Partikel von erwiesener Kristallinität bis herab zu 2 nm mittleren Durchmessers chemisch zu synthetisieren.[17,18] Dadurch ist

---

Abb. 8 (vorhergehende Seite): — a) Das ehemalige Gießener Laboratorium – heute Liebig-Museum – im Dezember 2011. — b) Das Selbe zu der Zeit, als der einundzwanzigjährige Student Genth begann, dort bei Liebig zu arbeiten (gemalt von I. M. Bayrer 1841, Lithographie von P. Wagner in Karlsruhe 1842, Ausschnitt; ungefähre Abmessungen des Originals 200 x 280 mm, nach Literatur [36]). Liebig bewohnte mit seiner eigenen Familie das obere Stockwerk und wirkte hier als Professor von 1824 bis 1852, bis zu seiner Berufung nach München. Das in Abbildung 17 gezeigte Labor befindet sich im hinteren linken Gebäudeteil und ist dem Auditorium benachbart, welches ganz links liegt. — c) Zeitgenössisches photographisches Portrait (Daguerrotypie, um 1843) von Liebig, Genths akademischem Lehrer von 1841 bis 1843, wahrscheinlich vor seinem Gartenhaus in Gießen.[62]

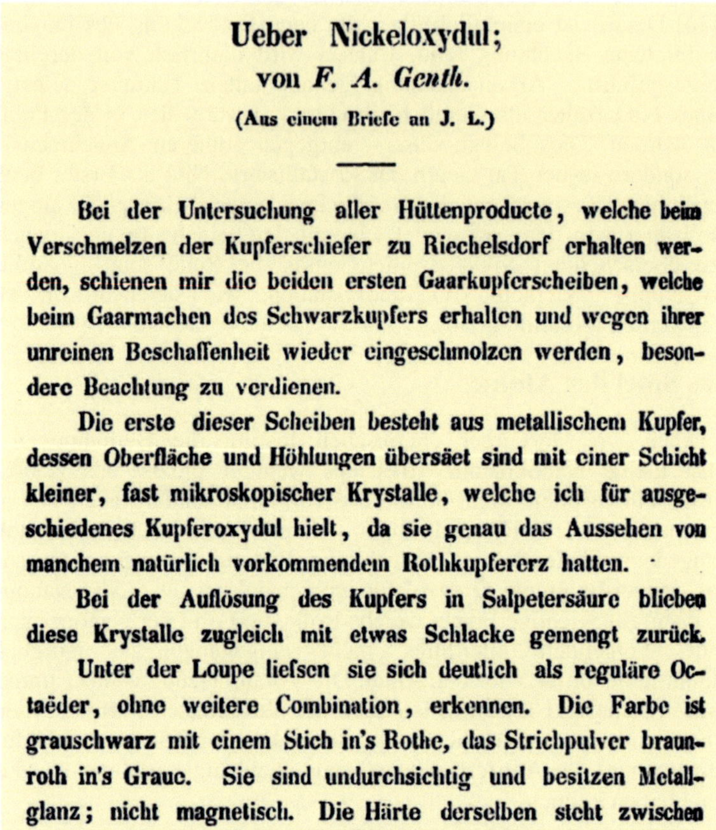

Ueber Nickeloxydul;
von *F. A. Genth.*
(Aus einem Briefe an J. L.)

Bei der Untersuchung aller Hüttenproducte, welche beim Verschmelzen der Kupferschiefer zu Riechelsdorf erhalten werden, schienen mir die beiden ersten Gaarkupferscheiben, welche beim Gaarmachen des Schwarzkupfers erhalten und wegen ihrer unreinen Beschaffenheit wieder eingeschmolzen werden, besondere Beachtung zu verdienen.

Die erste dieser Scheiben besteht aus metallischem Kupfer, dessen Oberfläche und Höhlungen übersäet sind mit einer Schicht kleiner, fast mikroskopischer Krystalle, welche ich für ausgeschiedenes Kupferoxydul hielt, da sie genau das Aussehen von manchem natürlich vorkommendem Rothkupfererz hatten.

Bei der Auflösung des Kupfers in Salpetersäure blieben diese Krystalle zugleich mit etwas Schlacke gemengt zurück.

Unter der Loupe liefsen sie sich deutlich als reguläre Octaëder, ohne weitere Combination, erkennen. Die Farbe ist grauschwarz mit einem Stich in's Rothe, das Strichpulver braunroth in's Graue. Sie sind undurchsichtig und besitzen Metallglanz; nicht magnetisch. Die Härte derselben steht zwischen

Abb. 9: Titelblatt (Ausschnitt) der Publikation von Genth über die ersten NiO-Kristalle, von dem jungen Doktoranden 1845 in einem Brief von Marburg nach Gießen zu Justus Liebig geschickt.[6]

es möglich geworden, Richardsons Phänomen in Abhängigkeit von der Partikelgröße in einem weiten Bereich experimentell zu untersuchen. Die erste Schlussfolgerung konnte aus den erhaltenen Daten auch schon gezogen werden: bereits bei Temperaturen, welche man in Anbetracht der großen Stabilität des NiO-Kristallgitters als moderat bezeichnen muss (einige hundert Grad Celsius), scheinen die Atome auf der Oberfläche eines jeden Partikels regelrecht ihr eigenes Spiel zu treiben. Salopp gesagt, die Oberflächenatome können sich nicht entscheiden, auf welchem der zwei Teilgitter – schwarz oder weiss (Abbildung 4) – sie sitzen wollen, sie springen wild hin und her. Beim Abkühlen wird daher jedes Oberflächenatom in einer zufällig eingenommenen Lage eingefroren, entweder schwarz oder weiss. Infolge dieses Zufallsspiels bleibt auf dem weissen und schwarzen Teilgitter im Durchschnitt nicht mehr die selbe Anzahl von Atomen sitzen (Abbildung 5d), und ein schwacher aber deutlicher Magnetismus macht sich bemerkbar: Richardsons Phänomen tritt auf.

Angenommen, die Anzahl von Oberflächenatomen pro Partikel wäre gleich N. Könnte nun jemand gleichsam eine Münze werfen, und zwar bei jedem einzelnen Nanopartikel N mal, um bei Kopf ein schwarzes, bei Zahl hingegen ein weisses Atom auf dessen Gitter zu plazieren (Abbildung 5d), dann wäre am Ende bei jedem Partikel die resultierende Differenz Δ_N zwischen der Zahl der weissen und schwarzen Atome im Durchschnitt – d.h. über sehr viele Partikel gemittelt – gleich der Quadratwurzel aus $2N/\pi$. Es handelt sich hier um nichts anderes als die sog. Normalverteilung, welche analytisch durch die bekannte ‚Gauss-Glocke' wiedergegeben wird, eine allgegenwärtige, früher selbst auf Banknoten (10 Deutsche Mark) abgebildete statistische Verteilungsfunktion. Sie geht zurück auf *Carl Friedrich Gauss* (1777-1855) aus Braunschweig. Es ist nun gerade diese Verteilung, die durch die erwähnten neuesten experimentellen Untersuchungen (an NiO-Nanopartikeln bis herab zu 2 nm Größe) aufgedeckt werden konnte. Richardsons Phenomen ist somit sehr einfach erklärbar, wie von Néel vor langer Zeit vermutet.

Vielleicht noch anschaulicher als durch das Werfen einer Münze lässt sich die zufällige Verteilung der Atome durch ein bis heute beliebtes Glücksspiel verdeutlichen, welches als ‚Bean Machine', ‚Pin Ball' oder eine Art von ‚Flipper' (‚Flipperkasten') bezeichnet wird. Ursprünglich im 18. Jahrhundert in Deutschland und Frankreich als ‚Billard Japonais' bekannt (Abbildung 10a), wurde es im 19. Jahrhundert ein Spielzeug für Kinder, welches heute noch als klassisches Holzspielzeug erhältlich ist (Abbildung 10b). In der ersten Hälfte des 20. Jahrhunderts hat es sich in Japan zu dem dort bis heute ungemein beliebten ‚Pachinko' fortentwickelt (Abbildung 10d). Als wissenschaftlich-pädagogisches Hilfsmittel wurde es von dem englischen Forscher *Francis Galton* (1822-1911) im Jahre 1889 beschrieben (Abbildung 10c).[19] Daher ist es heute auch als sog. Galton-Brett bekannt. Interessanter Weise kam Galton im Jahre 1840, also in sehr jungen Jahren, ebenfalls nach Gießen zu Liebig, nur wenig früher als Genth. Allerdings blieb er nur kurze Zeit, offenbar, weil er sowohl die deutsche Sprache als auch die Chemie zu schwierig fand.[20]

Dem Galton-Brett liegt eine einfache Idee zugrunde: Man lasse eine Kugel durch ein Labyrinth aus Hindernissen (Stifte in einem Holzbrett) hinunter rollen oder fallen. An jedem Hindernis gibt es für die Kugel zwei Möglichkeiten, den Weg fortzusetzen: nach links oder nach rechts – dies ist offensichtlich ganz analog zu der Wahl zwischen ‚Kopf' oder ‚Zahl' beim Werfen einer Münze. Somit entspricht die Anzahl der Stufen, d.h. Zusammenstöße mit Hindernissen,

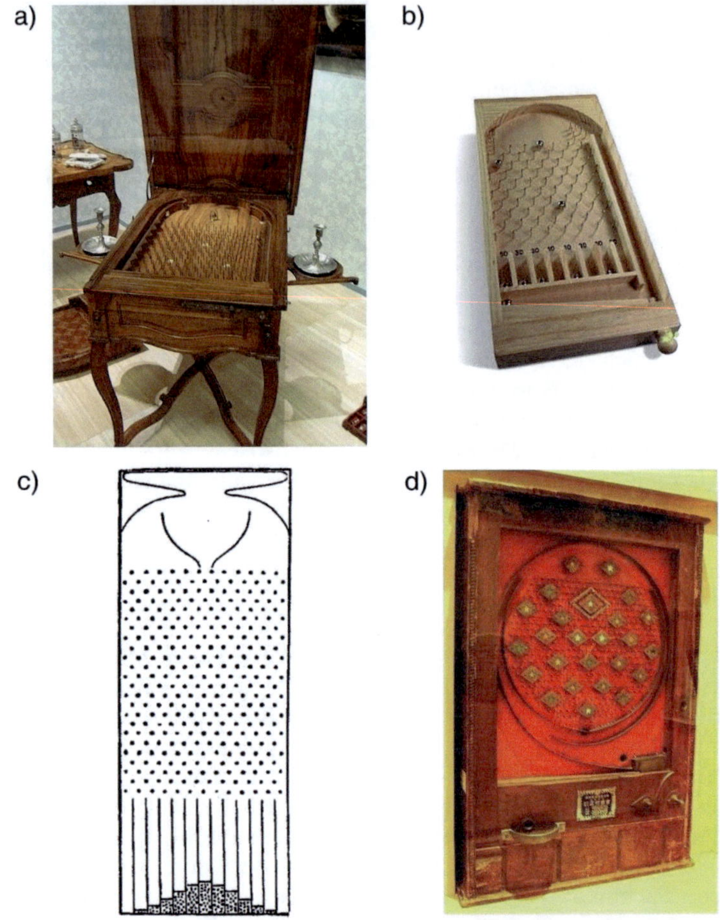

Abb. 10: Eine kleine Übersicht über die Geschichte des Galton-Bretts. — a) ‚Billard Japonais' aus Süddeutschland (Elsass), mit mechanischer Vorrichtung zum Abschießen der Metallkugeln (vorne rechts), und einem Wald von Holzstiften als Labyrinth (Mitte des 18. Jahrhunderts, ständige Sammlung des Deutschen Historischen Museums, Berlin).[63] — b) ‚Flipperkasten' in kleiner Ausführung (35 x 17 cm) aus Holz, mit einem Labyrinth aus Metallstiften, ein klassisches Spielzeug seit dem 19. Jahrhundert.[60] — c) Das Galton-Brett in schematischer Darstellung aus Francis Galtons Originalveröffentlichung von 1889.[19] — d) Japanischer Glücksspiel-Automat ‚Pachinko' aus der Zeit vor dem 2. Weltkrieg, mit einem dichten Labyrinth in dem mittleren kreisförmigen Feld, in welchem ‚Glückspforten' für die Kugeln verstreut angeordnet sind (rechts ist die Einwurföffnung, links unten die ‚Auszahlung' bei Gewinn).[63] ‚Pachinko' ist bis heute in Japan besonders populär.

der Anzahl der Oberflächenatome in einem NiO-Nanopartikel, ist also gleich N (Abbildung 11a). Lässt man eine Handvoll oder mehr Kugeln oben durch einen Trichter in das Labyrinth hineinrollen, so kommt jede von ihnen unten mehr oder weniger weit links oder rechts heraus, abhängig lediglich vom Zufall. Jede Kugel repräsentiert hierbei ein NiO-Nanopartikel. Je weiter aufgefächert die Kugeln unten aus dem Labyrinth rollen, desto größer muss man sich also die durchschnittliche Differenz zwischen der Anzahl der schwarzen und weissen Atome in jedem Nanopartikel denken. Um so stärker ist folglich im Durchschnitt der unkompensierte Magnetismus der Partikel. Auf diese Weise kann Richardsons Phänomen quantitativ (mittels des oben bereits angegebenen analytischen Ausdrucks für Δ_N) vorausgesagt und die Vorhersage mit dem Experiment verglichen werden.

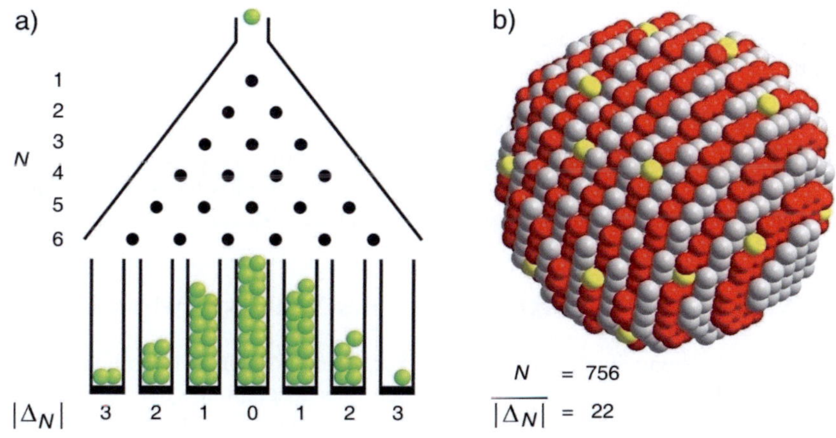

Abb. 11: — a) Das Galton-Brett zur Veranschaulichung der Gauss-Verteilung (auch ‚Normalverteilung' genannt). N entspricht der Anzahl der Oberflächenatome eines Partikels, und $|\Delta_N|$ ist die resultierende Differenz (Betrag, ohne Vorzeichen) zwischen der Besetzung des ‚schwarzen' und ‚weissen' Teilgitters. Diese Differenz ist bei jedem Partikel vom Zufall abhängig, ganz so, wie es die Position, an welcher eine Kugel nach Durchlaufen des Galton-Bretts landet, auch ist. Jede Kugel entspricht also einem NiO-Partikel. — b) Simuliertes NiO-Partikel von 4,2 nm Durchmesser, mit insgesamt 2310 Ni-Atomen (das schwarze Teilgitter der Abbildung 5d ist hier zum besseren räumlichen Eindruck rot dargestellt), davon 756 Oberflächenatome. 22 Oberflächenatome des einen Teilgitters wurden nach zufälliger Auswahl in Gelb hervorgehoben (der obenliegende Querstrich bedeutet, dass es sich bei $|\Delta_N|$ um den Durchschnitt, gemittelt über viele Partikel, handelt).

Abschließend zum Thema Spielen sei noch angemerkt, dass in Marburg auch mit Computersimulationen ‚gespielt' wird. So lässt man etwa den Computer ein

NiO-Kristallgitter simulieren und daraus eine Kugel – so genau wie es geht – herausschneiden. Anschließend kann man sich (im wahrsten Sinne des Wortes) ein Bild davon machen, wie viel die durchschnittliche Differenz (Δ_N) in der Besetzung der beiden Teilgitter wirklich ausmacht, indem man in zufälliger Weise die entsprechende Zahl von Atomen – alle von einem der zwei Teilgitter – farblich hervorhebt (z.B. in Gelb, Abbildung 11b). Denn so viele Atome sitzen im Durchschnitt in einem Partikel quasi an der falschen Stelle. Das Bild macht deutlich, dass die Menge dieser ‚falschen' Atome relativ gering ist. Abgesehen von solchen ‚Spielereien' dient die Simulation jedoch in erster Linie dazu, zu beweisen, dass das Herausschneiden der Kugel – was an sich schon statistischen Schwankungen unterliegen muss, selbst wenn es sich um beliebige andere Formen als der einer Kugel handeln würde – allein nicht hinreicht, um Richardsons Phänomen quantitativ zu erklären.[17]

Das Spiel der Atome als Ursache für Richardsons Phänomen – also den anomalen Magnetismus von NiO und anderen Antiferromagneten – ist von Louis Néel vor genau fünfzig Jahren (1961) erwogen worden.[12] Den nun vorliegenden umfassenden magnetischen Messungen zufolge ist Néels Vorstellung sehr wahrscheinlich zutreffend.[17] Ein langes Kapitel in der Geschichte des Nanomagnetismus wäre somit abgeschlossen. Und die lange, von Genth begründete Marburger Tradition in der Nickeloxid-Forschung lebt ungebrochen fort.

2.5. Natürliches Nickeloxid – ein kleines Namensverwirrspiel

Die Namensgebung in der Mineralogie hat keine Regeln. Mineralien werden nach Belieben nach dem Fundort, den Eigenschaften, der chemischen Zusammensetzung oder dem Entdecker benannt. Die Namen sind ein Spiegelbild der gesamten Geschichte des Faches.

Bislang ist ausschließlich von künstlichem NiO die Rede gewesen, entweder zufällig entstanden als Nebenprodukt der Kupferverhüttung (Genths Kristalle) oder gezielt synthetisiert im Labor. Natürlich vorkommendes NiO hingegen ist sehr selten. Es wurde in Sachsen entdeckt und 1858 von einem gewissen Dr. C. Bergemann charakterisiert. Bis heute ist natürliches NiO darüber hinaus wohl lediglich in Südafrika aufgefunden worden. Bergemann beschrieb den Fund in Sachsen wie folgt (vgl. Abbildung 12):

„Von einem verschiedene Uranverbindungen führenden Gange bei Johann-Georgenstadt erhielt ich durch Hrn. Dr. Krantz ein krystallinisches Mineral, welches nach seiner äusseren Beschaffenheit ebenfalls uranhaltig zu sein schien. (Das Exemplar wurde in einer von Dr. Krantz in Schneeberg 1857 angekauften Sammlung, mit den obigen Angaben bezeichnet, vorgefunden.) Bei der näheren Untersuchung desselben ergab sich jedoch sehr bald, dass dasselbe auch keine

Spur von diesem Metalle enthielt, sondern bisher nicht beobachtete Verbindungen von Arsensäure und Nickeloxydul ausmachte.

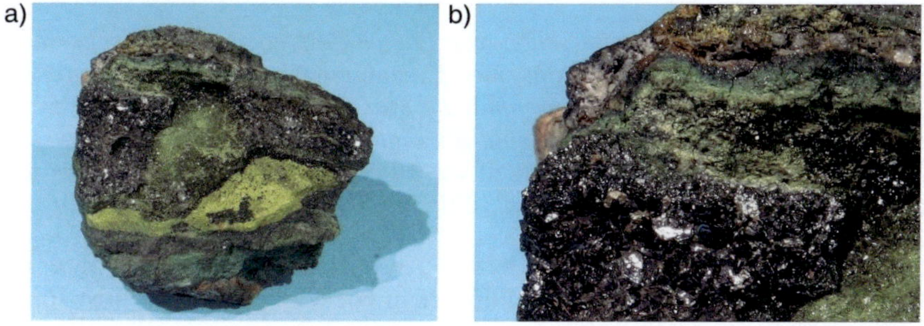

Abb. 12: Das Bunsenit-Typmineral, d.h. jenes Exemplar, nach welchem der Bunsenit (NiO) zum ersten mal im Jahre 1858 von C. Bergemann charakterisiert wurde, ohne dass er ihm einen Namen gegeben hätte. Dieses Bruchstück des Originals befindet sich heute in den Mineralogischen Sammlungen der TU Bergakademie Freiberg und kann in dem dortigen Museum besichtigt werden (wir danken Andreas Massanek für das Überlassen der Photographie samt folgender Beschreibung: *Bunsenit mit Aerugit und Xanthiosit, Johanngeorgenstadt, Erzgebirge, Sachsen, Deutschland, 3 x 2,5 x 2,5 cm, Inv.-Nr.: MiSa10471, Foto A. Massanek*). Andere Bruchstücke sollen in die ganze Welt verkauft worden sein (z.B. an das British Museum). Der Bunsenit kommt in diesem Bruchstück offenbar nur als olivgrünes Pulver vor, jedoch nicht in Form der von Bergemann beschriebenen wohlausgebildeten, ‚pistaziengrünen' Kristalle. — a) Gesamtansicht. — b) Detail (die in dem dunklen Teil erkennbaren grünblauen Kristalle sind wahrscheinlich nicht Bunsenit, sondern das als Aerugit bezeichnete Nickelarsenat).

„*Das fast handgrosse Bruchstück des Minerals* [ein Teil davon ist bis heute erhalten, Abbildung 12], *welches ich zu sehen Gelegenheit hatte, bildete ein bis zwei Linien* [ca. 2-5 mm] *starke und scharfbegrenzte Lamellen von gelber und grüner Farbe, die meist durch eine dünne Schicht eines nickeloxydulhaltigen Eisenoxydes getrennt waren. Es fanden sich ferner in dem untersuchten Exemplar viele Höhlungen, ausgekleidet mit kleinen dunkelgrünen Krystallen und ebenso kommt in einigen derselben gediegen Wismuth vor.*

„(…) *Die oben erwähnten kleinen Krystalle* (…) *bestehen, nach allen Versuchen, welche ich mit denselben angestellt habe, allein aus reinem Nickeloxydul* [Nickeloxid].

„*Die Krystalle haben meist nur eine Grösse von ½ Linie* [ca. 1 mm] *und bilden vollkommen ausgebildete reguläre Oktaëder, oft mit Granatoëderflächen; sie sind von dunkel pistaziengrüner Farbe* [vgl. Legende zu Abbildung 5a], *besitzen dabei Glasglanz und sind durchsichtig, der Strich erscheint braunschwarz; die Härte steht zwischen Apatit und Feldspath, 5–6; ihr spec. Gewicht fand ich im Mittel von 5 Wägungen = 6,398.*

„(...) *Bunsen beobachtete schon vor langer Zeit ein künstliches krystallinisches Nickeloxydul* [Nickeloxid; ohne Literaturangabe] *und Regnault (dieses Journal X, 141* [21]*) erhielt eine ähnliche Masse von hell-olivengrüner Farbe als zarten Anflug, als Wasserdämpfe über glühendes Nickel geleitet wurden; ebenso erwähnt Genth* (...) [die Arbeit von 1845] *ein solches, gibt aber das spec. Gewicht desselben zu 6,605* [sic] *an.*"[22]

Nach Bergemanns Angabe im letzten Absatz des obigen Zitats wäre also Bunsen die Entdeckung von ‚kristallinischem Nickeloxydul', oder kristallinem NiO, zuzuschreiben. Genth hingegen soll es lediglich ‚ebenso erwähnt' haben. Da Bergemann keine Literaturstelle für Bunsens Entdeckung angibt, ist anzunehmen, dass er sich lediglich daran erinnern zu können glaubte. Wir haben keine Arbeit von Bunsen über NiO ausfindig machen können. Eine solche wird es auch kaum gegeben haben, da Bunsen selbst, wie schon oben erwähnt, von Genths Arbeit gewusst haben muss und Genth darauf hätte hinweisen können.

Am Rande ist es weiterhin auffällig, dass Bergemann das von Genth mitgeteilte – wie schon erwähnt, nicht korrekte, aber in das damalige Schrifttum übergegangene – spezifische Gewicht der NiO-Kristalle nicht richtig wiedergibt. Die Vermutung, dass er sich im obigen letzten Absatz lediglich auf sein Gedächtnis stützte, wird hierdurch bestätigt.

Bergemann zitiert ausserdem eine frühere Arbeit von *Henri Victor Regnault* (1810-1878), dem bedeutenden französischen Chemiker, welchem es jedoch in Wirklichkeit nicht gelungen war, NiO-Kristalle darzustellen, obwohl er sich darum bemüht hatte. In seiner Publikation lesen wir: *„Bei einem anderen Versuche erhitzte ich ausgewalztes metallisches Nickel mitten in einem Strome von Wasserdampf, um zu sehen, ob ich nicht auf diese Weise krystallisirtes Oxyd würde erhalten können; ich erhielt diess in der That, denn die Nickelblättchen waren nach der Operation mit sehr kleinen Krystallen bedeckt; allein es war selbst unter dem Mikroskope unmöglich, ihre Form zu unterscheiden, da ihre Flächen nur sehr wenig Glanz besassen.*"[21] Dies ist bezeichnend für die schon dargelegte Schwierigkeit, wohlausgebildete Kristalle von hochschmelzenden Verbindungen darzustellen, und ein weiterer Hinweis darauf, dass Genths Marburger Entdeckung nicht unbedeutend war.

Dennoch sollte in der Folge nicht Genth, sondern Bunsen der Namenspatron des Nickeloxids werden. Letzterem wurde 1868 von dem herausragenden amerikanischen Mineralogen und Systematiker, *James Dwight Dana* (1813-1895), der Name ‚Bunsenit' verliehen. Dies lag aber nicht notwendiger Weise daran, dass Bergemanns Gedächtnis ihn, wie dargelegt, im Stich gelassen hatte.

Dana berief sich zwar auf Bergemanns Angabe, dass Bunsen künstliche NiO-Kristalle ‚schon vor langer Zeit' beobachtet hätte *(„Named after Prof. Bunsen, who observed long since artificial crystals of this oxyd of nickel"*).[23] Es ist aber wahrscheinlich, dass ein anderer Grund Dana bewog, Genths Namen bei dieser Gelegenheit bei Seite zu lassen. Er hatte nämlich kurz vorher ein anderes Mineral – ein gemischtes Nickel-Magnesium-Silikat, welches also immerhin als NiO enthaltend aufgefasst werden kann – bereits mit dem Namen ‚Genthit' belegt.[24] Daher war er nun genötigt, für das NiO einen anderen Namenspatron ausfindig zu machen, und so wird er nach Bunsen gegriffen haben, was er, wie gesagt, formal mit dem überlieferten Hinweis von C. Bergemann rechtfertigen konnte.

Es scheint demnach so gewesen zu sein, dass Dana als Systematiker sich der Aufgabe gegenübergestellt sah, die Namen seiner bedeutenden Zeitgenossen auf rationelle Weise – d.h. zumindest nicht rein willkürlich – den zu seiner Zeit noch ‚zu habenden' (namenlosen) Mineralen zuzuordnen. Den Genthit hat er zu Recht nach Genth benannt, denn dieser hatte das Mineral selbst entdeckt. Nachdem so der Name Genth vergeben war, blieb nichts anderes übrig, als das Nickeloxid nach Bunsen zu benennen. (Bunsen hatte immerhin als Doktorvater formal einen Anteil an der Entdeckung der ersten NiO-Kristalle in Marburg.) Leider konnte Dana damals nicht voraussehen, dass der Genthit sich später als eine Mineralvarietät von Nickel-Antigorit erweisen sollte[7] und damit als eigenständiges Mineral keinen Bestand mehr haben konnte. Sonst würde er wohl den Namen Genthit an Stelle von Bunsenit für das Nickeloxid vorgesehen haben. Dies hätte gleichsam das Spiegelbild der Geschichte zurechtgerückt, denn der Name Genth wäre für alle Zeit mit der Entdeckung der ersten NiO-Kristalle verbunden worden.

3. Vier Chemiker aus Hessen (insbesondere Genth)

Es hat im 19. Jahrhundert eine Reihe bedeutender Chemiker aus Hessen gegeben, etwa *August Wilhelm Hofmann* (Gießen), *Jakob Volhard* (Darmstadt), *Friedrich Wöhler* und *Carl Graebe* (beide aus der damals freien Stadt Frankfurt am Main) oder *Richard Anschütz* (Darmstadt). Wenn wir uns hier auf die nachfolgenden vier beschränken, so geschieht dies teils aus persönlicher Vorliebe, und teils deshalb, weil sie Forschungsgebiete erschlossen haben, welche in späterer Zeit – und bis heute – von besonders großer oder allgemeiner Bedeutung gewesen sind (vgl. Abbildung 2). In Schlagworten:

Liebig – Elementaranalyse und Unterricht, *Genth* – Komplexverbindungen, *Grieß* – Chemie der Diazoverbindungen und Farbenindustrie, *Kekulé* – Molekülstruktur und chemische Bindung.

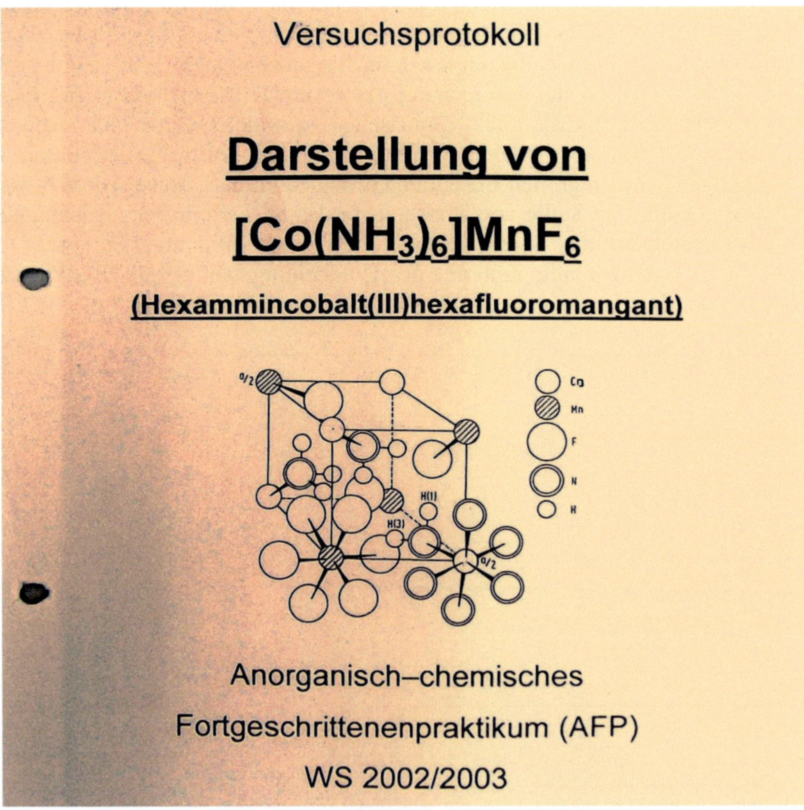

Versuchsprotokoll

Darstellung von

$[Co(NH_3)_6]MnF_6$

(Hexammincobalt(III)hexafluoromangant)

Anorganisch–chemisches

Fortgeschrittenenpraktikum (AFP)

WS 2002/2003

Zweifellos war z.B. August Wilhelm von Hofmann ebenfalls ein großer ‚Organiker', wie Liebig und Kekulé, doch er hat selbst zugestanden, dass er alle seine Entdeckungen für Kekulés ‚Eine' – nämlich die des Benzolringes – hergegeben hätte. Hofmann selbst war es, der Peter Grieß, welcher keinen Doktortitel oder einen anderen akademischen Titel trug, vier Jahre lang – von 1858 bis 1862 – in seinem Laboratorium in London die Möglichkeit gab, selbständig zu forschen, und er hat Grieß mit einem sogar für die damalige Zeit ungewöhnlich ausführlichen, nicht ungebührend beschönigenden Nachruf gewürdigt.[2]

3.1. Justus von Liebig (1803-1873)

Liebig brach eine Apothekerlehre in Heppenheim bei Darmstadt ab und studierte (hauptsächlich) Chemie in Bonn, Erlangen (Promotion in Abwesenheit) und Paris. Als Professor in Gießen etablierte er das systematische experimentelle Arbeiten im Labor als obligatorischen Bestandteil des Chemiestudiums an der Universität. Daher ist er als großer ‚Lehrmeister der Chemie' in die Geschichte eingegangen[25] (auch Friedrich August Genth und Friedrich August Kekulé haben nacheinander bei Liebig in Gießen studiert). Gegen theoretische Spekulationen, welche nicht auf stichhaltigen Experimenten beruhen, führte er im wissenschaftlichen Schrifttum oft eine heftige Polemik – auch als historische Kritik, etwa gegen Francis Bacon (‚von Verulam'). Jakob Grimm zufolge soll Liebig durch sein vorzügliches Schriftdeutsch die Chemie vom ‚Kauderwelsch' befreit haben.

3.2. Friedrich August Genth (1820-1893)

Genth war promovierter und habilitierter Chemiker, und betätigte sich darüber hinaus als hervorragender Mineraloge. Eine ausgezeichnete Biographie wurde, wie erwähnt, von Jahn et al. anlässlich des hundertsten Todestages von Genth im Jahre 1993 vorgelegt.[7] Er trat hervor als Entdecker vieler neuer Minerale. In der Chemie ist er wegen der Entdeckung der kristallinen Kobalt(III)-Amminkomplexe bekannt, welche in den letzten eineinhalb Jahrhunderten auf vielen Gebieten der Chemie eine wichtige Rolle gespielt haben. Ein Beispiel ist die Verwendung des Hexamminkobalt(III)-Kations als Gegenion bei der erstmaligen Isolierung und spektroskopischen Charakterisierung des Hexafluoridomanganat(III)-Anions.[26] Dieses Experiment – welches auf der ursprünglich von Gibbs und Genth beschriebenen Darstellung von ‚Luteokobaltsalzen' gegründet ist[27] – wird bis heute von fortgeschrittenen Studenten der Chemie im Praktikum durchgeführt (Abbildung 13; freilich wusste der Prak-

Abb. 13 (vorhergehende Seite): Übungspräparat für fortgeschrittene Studenten der Chemie, basierend auf Genths ‚Luteokobaltsalzen' (Titelblatt eines Praktikumsprotokolls, Philipps-Universität Marburg, 2003).

tikant möglicherweise nicht, wer Genth gewesen war). Aber auch in Schulbüchern begegnet uns Genth: so wird etwa in einem Chemie-Lehrbuch eine Photographie der schön purpurroten Lösung eines ‚Purpureokobaltsalzes' gezeigt (Abbildung 14; der Name Genth wird hier allerdings nicht erwähnt).

a)

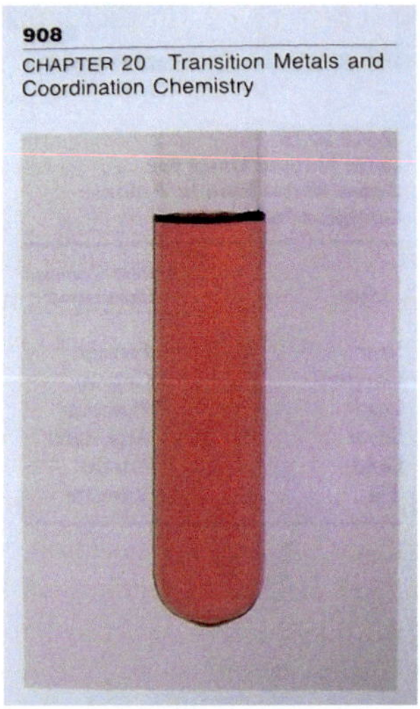

$[Co(NH_3)_5Cl]\,Cl_2$

b)

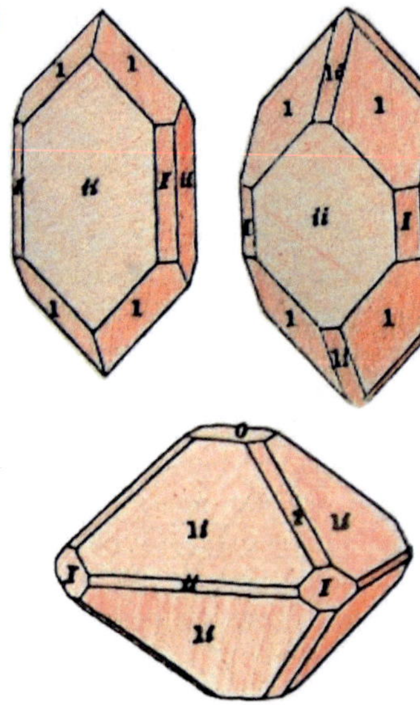

c) The chlorid of Purpureocobalt has a beautiful violet-red or purple color, and is dichrous, the ordinary ray being colorless, while the extraordinary ray has a rich violet-red tint. Its solution is violet-red.

Abb. 14: — a) Photographie der purpurroten Lösung von Kristallen des ‚Purpureokobaltchlorids' von Gibbs und Genth in Wasser, entnommen aus einem neueren einführenden Chemie-Lehrbuch.[53] — b) Die entsprechenden Einkristalle – vermutlich weniger als 1 mm groß – des isomorphen ‚Roseokobaltsulfats' nach der Originalpublikation von Gibbs und Genth von 1856 (nachträglich koloriert).[27] Weitere Beispiele aus dieser Originalpublikation finden sich bei Jahn et al.[7] — c) Originaltext hierzu von Gibbs und Genth.[27]

Als Genth im Februar des Jahres 1893 verstarb, erschien gerade die erste klassische Abhandlung von Alfred Werner über die Konstitution von Metallkomplexen (eingereicht zur Veröffentlichung im Dezember 1892).[28] So konnte Genth nicht mehr erleben, wie ‚seine' Kobaltverbindungen als Fundament dienten für eine ganz neue Theorie des räumlichen Molekülbaues von anorganischen Verbindungen.[29] Werner wurde aufgrund seiner Arbeiten auf diesem Gebiet mit dem Nobelpreis für Chemie im Jahre 1913 ausgezeichnet. Man hat ihn in der Folge auch als den Kekulé der anorganischen Chemie bezeichnet.

Liest man heute Genths alte Publikationen von neuem, so kann es passieren, dass man auf aus heutiger Sicht hochaktuelle experimentelle Beobachtungen stößt. So beschreiben Gibbs und Genth bereits im Jahre 1856 die Bildung eines Kobaltoxid-Hydroxids von der Zusammensetzung $Co_3O_4(H_2O)_X$ durch einfaches Kochen eines Aquopentamminkobalt(III)-Salzes in Wasser.[27] Im Prinzip das selbe Verfahren erweist sich heute als besonders vorteilhaft für die Darstellung (d.h. Synthese) von nanokristallinem Kobalt(II,III)-Oxid (Co_3O_4), einer Verbindung, welche in den letzten Jahren zunehmend an wissenschaftlichem Interesse gewonnen hat (Abbildung 15a und b).[30]

Eine erneute Durchsicht der alten Literatur hat nun gezeigt, dass es auf dem Gebiet der Kobalt(III)-Amminkomplexe einen prominenten Vorläufer von Genth gegeben hatte: *Louis Jacques Thénard* (1777-1857), der renommierte französische Chemiker, nach welchem schon das anorganische Farbpigment Kobaltblau ($CoAl_2O_4$) als ‚Thénards Blau' benannt worden ist, berichtete bereits im Jahre 1803 über seine Beobachtung, dass Kobalt(II)-Salze in ammoniakalischer wässriger Lösung durch den Sauerstoff der Luft zu Kobalt(III)-Amminkomplexen oxidiert werden.[31] Schon auf der Titelseite seiner Mitteilung hob Thénard – zum ersten mal in der Literatur – ausdrücklich hervor, dass die Oxidation durch Luft bei Kobaltverbindungen in alkalischer Lösung eine große Rolle spielt (Abbildung 16). Er beschrieb in der selben Mitteilung die Darstellung eines kristallisierten Kobalt(III)-Amminkomplexes, allerdings ohne eine quantitative Analyse anzuführen, wie folgt:

„*Ich unterwarf sie* [eine ammoniakalische Lösung eines Kobalt(III)-Amminkomplexes] *einer gelinden Verdampfung und erhielt nach dem Abdampfen regelmäßige kubische Krystalle, wovon einige einzeln gewachsen waren, andere aber Mühlentrichter bildeten. Diese Krystalle haben eine rosenrothe Farbe und einen stechenden urinösen Geschmack; die atmosphärische Luft verändert sie nicht im mindesten; in einem Tiegel geglüht, entzünden sie sich wie das salpetersaure Ammonium* [Ammoniumnitrat] *mit lebhafter weißgelblicher Flamme. Der Rückstand zieht sich ins schwarze und besitzt alle Eigenschaften des Kobalts. Die Auflösung der Krystalle im Wasser, wird durch gar keine alkalische Basis niedergeschlagen, aber augenblicklich durch den Schwefelwasserstoff. Läßt man sie mit Kali kochen, so entwickelt sich Ammonium* [Ammoniak]*; es bildet sich salpetersaures Kali und es setzt sich Kobaltoxyd* [Kobalthydroxid oder Kobaltoxidhydroxid, vgl. oben die analoge Beobachtung von Gibbs und Genth] *ab. Dies Salz ist also offenbar eine dreifache Verbindung, ein salpetersaures Kobalt-Ammonium.*“[31]

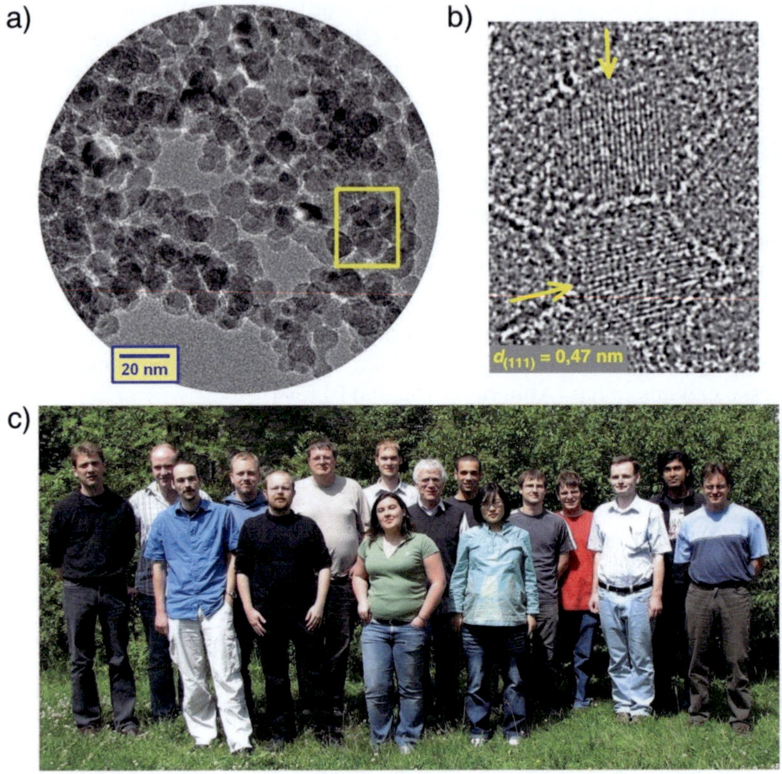

Bei den Kristallen wird es sich um das von Gibbs und Genth als ‚hydratisiertes Nitrat des Roseokobalts' bezeichnete Salz gehandelt haben,[27] also ein Kobalt(III)-Amminkomplex nicht bekannter Konstitution, wahrscheinlich ammoniakreich, da er bei der thermischen Zersetzung metallisches Kobalt zurückließ. Es ist bemerkenswert, dass Thénards Arbeit selbst in der hervorragenden historischen Studie von G. B. Kauffman nicht erwähnt wird.[5] Andererseits war sie bereits von Leopold Gmelin – einem der akademischen Lehrer von Genth in Heidelberg – zitiert worden.[15] Kauffman nennt eine Anzahl anderer Vorläufer Genths auf dem Gebiet der Kobalt(III)-Amminkomplexe, nämlich B. M. Tassaert, L. Gmelin, E. M. Dingler, C. Winkelblech,

---

Abb. 16 (folgende Seite): Titelblatt (Ausschnitt) der Mitteilung von Thénard[31] aus dem Jahre 1803 über die Oxidation von Kobalt(II)-Verbindungen durch Luft in alkalischer Lösung. – In dieser bis heute so gut wie unbeachtet gebliebenen Publikation wurde zum ersten mal über die Darstellung eines kristallisierten Kobalt(III)-Amminkomplexes unter Mitwirkung von Luftsauerstoff berichtet, fast ein halbes Jahrhundert vor Genths Marburger Entdeckung von 1847.

Abb. 15 (vorhergehende Seite): — a) Auf Genths Spuren – aktuelle Nanoforschung in Marburg: Nanokristallines Kobalt(II,III)-Oxid (Co_3O_4), erhalten durch geschickte Abänderung von Genths ursprünglicher Synthese der Kobalt(III)-Amminkomplexe (transmissionselektronenmikroskopische Aufnahme freundlicherweise zur Verfügung gestellt von Pierre Jehl, AK Harbrecht, Philipps-Universität Marburg, 2011). — b) Das in a) umrahmte Gebiet bis nahe an die atomare Auflösung vergrößert (gefiltert mittels Fourier-Transformation), wodurch die Kristallinität der Partikel sichtbar wird. Der Abstand zwischen den einzelnen parallelen Netzebenen in den zwei erkennbaren Nanokristallen beträgt 0,47 nm. — c) Im Arbeitskreis (AK) Harbrecht werden die hier vorgestellten Arbeiten über NiO und andere nanoskalige Oxide gegenwärtig fortgeführt (Aufnahme von 2009, dem vierhundertsten Jubiläumsjahr der Chemie in Marburg; der Autor ist der Dritte von rechts).

C. Rammelsberg und W. Beetz. Doch alle diese Forscher – mit Ausnahme von Tassaert, welcher aber keinen kristallisierten Kobalt(III)-Amminkomplex be-

Ueber die verschiedenen Verbindungen des Kobalts mit Sauerstoff, nebst einigen Bemerkungen über verschiedene ammonialische Metallsalze. Vom Bürger Thenard. [1])

Wenn man Alkali in eine Kobaltauflösung gießt, so ist der sich bildende Niederschlag anfangs rosenroth oder lilasfarben; durch ein Uebermaaß von Alkali wird er nach und nach blau, olivengrün, und endlich beim Trocknen immer dunkler und zuletzt schwarz. Diese Thatsachen sind schon lange bekannt und vorzüglich vom Bürger Tassaert mit vieler Sorgfalt beschrieben worden. [2]) Dessen ungeachtet wurde bis jetzt der Einfluß der Luft auf die Entstehung dieser verschiedenen Erscheinungen, nur gemuthmaßt; der Theorie nach mußte er statt finden, aber es bedurfte noch des Beweises, daß diese Farbenveränderungen wirklich von dem verschiedenen Verhältniß des Sauerstoffs abhängen, und dies hoffe ich durch die folgenden Versuche ausser Zweifel zu setzen.

schrieben hatte – führten ihre Untersuchungen erst Jahrzehnte nach Thénard durch.

Gibbs und Genth erwähnten Thénards Pionierarbeit ebenfalls nicht, und so scheint sie bis heute vergessen geblieben zu sein. Thénards Publikation belegt, mit welchem sicheren chemischen Gespür er aus seinen Experimenten wichtige Schlussfolgerungen zog. Er erkannte als erster die Mitwirkung des Luftsauerstoffs bei der Bildung der Kobalt(III)-Verbindungen und er isolierte zum ersten mal einen Kobalt(III)-Amminkomplex in kristalliner Form. Auch fiel ihm bereits die chemische Stabilität des Komplexes auf, welche heute theoretisch begründbar ist.

Das Verdienst von Genth wird hierdurch nicht geschmählert. Er und Gibbs haben präzise chemische Analysen für die Kobalt(III)-Amminsalze geliefert und dadurch eine rationelle Kategorisierung dieser Verbindungen ermöglicht. In gewisser Weise war Genth für diese Aufgabe prädestiniert. Schon seine Promotion und Habilitation in Marburg behandelten ein Thema aus der analytischen (anorganischen) Chemie. Zeit seines Lebens war er für die Sorgfalt und Geschicklichkeit bei analytischen Arbeiten im Labor bekannt. Bei allen seinen mineralchemischen Arbeiten kam ihm diese Veranlagung sehr zu statten.

Wenn es sich nun gezeigt hat, dass Genth einen prominenten Vorläufer auf dem wichtigen Gebiet der Kobalt(III)-Amminkomplexe hatte, so bestätigt dies lediglich eine von dem Nobelpreisträger Richard Willstätter (und zweifellos von vielen anderen, z.B. in Lit. [32], S. 215) ausgesprochene Erfahrung: im Nachhinein fällt es stets viel leichter, in der ungeheuren Fülle der verfügbaren wissenschaftlichen Publikationen etwas zu entdecken, was für die schon geleistete eigene Arbeit hätte von Bedeutung sein können, wenn man die Mühe nicht gescheut hätte, im Vorhinein danach zu suchen.[33]

Abschließend soll hier eine zweite – wie wir glauben, noch interessantere – historische Entdeckung mitgeteilt werden. Eingangs ist schon erwähnt worden, dass die heute verfügbare ‚Ikonographie' zu Genth sehr beschränkt ist. Lediglich zwei zeitlich nicht weit auseinanderliegende Photographien aus Genths späteren Jahren sind erhalten (Abbildung 1 und 3). G. F. Barker berichtete, dass Genth in späten Jahren recht korpulent gewesen war und an Asthma gelitten hatte.[34] Wie wird der junge Genth wohl ausgesehen haben, möchte man fragen. Wir glauben, dass wir unsere Neugierde zum Teil befriedigen können, und zwar dank eines Zufalls.

Der Zufall brachte es nämlich mit sich, dass der Student Genth gerade zu jener Zeit an die Universität in Gießen kam, als das dortige Laboratorium Liebigs vergrößert und vorbildlich eingerichtet worden war. Um als Vorbild für ähnliche bauliche Maßnahmen anderenorts dienen zu können, sollte von dem verantwortlichen Architekten, J. P. Hofmann in Gießen (Vater des später berühmt gewordenen August Wilhelm Hofmann), eine detailierte Beschreibung als Buch herausgegeben werden. Der zu der selben Zeit in Gießen lebende Künstler *Wilhelm Trautschold* (1815-1876),[35] ein talentierter Portraitmaler, steuerte die Ansicht eines Arbeitssaales des Laboratoriums als Illustration bei. Trautschold war mit vielen Professoren und Studenten in Gießen bekannt und es wird berichtet, dass er viele von ihnen treffend und lebensnahe portraitiert hat, wenn auch zumeist nur in flüchtigen Skizzen (von Liebig jedoch hat er ein beeindruckendes, heute sehr bekanntes Ölbild gemalt).

J. P. Hofmanns Buch kam 1842 heraus.[36] Das Vorwort des Verfassers ist vom 1. Februar 1842 datiert. Wir wissen, dass nicht lange vor Fertigstellung des Werkes – also möglicherweise im Sommer oder Herbst 1841 – Trautschold in nur wenigen Tagen die Zeichnung des analytischen Saales anfertigte,[35] und zwar mit lebensnahen Portraits der zu der Zeit darin arbeitenden Studenten und Assistenten (Abbildung 17a und b). Andererseits wissen wir auch, dass Genth am Ende des Sommersemesters 1841 die Universität Heidelberg, seine erste Alma Mater, verließ und zum Wintersemester 1841/1842 in Gießen immatrikuliert wurde (am 1. November).[7,13] Es ist denkbar, dass er schon vorher begonnen hatte, in Liebigs Laboratorium zu arbeiten, denn dazu war die Immatrikulation nicht erforderlich (die Studenten bezahlten privat für die Zeit, die sie in Liebigs Laboratorium verbrachten,[13] so auch wohl der Doktorand Ortigosa, von welchem weiter unten die Rede sein wird, denn dieser arbeitete seit ungefähr 1839 bei Liebig, immatrikulierte sich aber erst 1842, wohl wegen seiner dann anstehenden Promotion).

Aufgrund dieser Daten erscheint es möglich, dass Genth ebenfalls auf der Zeichnung von Trautschold abgebildet ist (Gerhard Jahn hat dies ebenfalls schon 1993 vermutet,[37] konnte aber Genth nicht identifizieren). Welche der portraitierten Personen könnte Genth nun gewesen sein? Aus der Literatur ist zu entnehmen, dass fast alle der 13 abgebildeten Personen, mit Ausnahme von zwei – wobei der Holzkohle für die chemischen Öfen herbei bringende Bedienstete nicht mitgerechnet wird –, bereits identifiziert worden sind,[38,35,39] nämlich wie folgt (Abbildung 17a, von links nach rechts):

1. *José Vicente Ortigosa y de los Ríos* (1817-1877), später in Mexiko in der Administration tätig; 2. *X*; 3. *X*; 4. *Wilhelm Keller* (1818-), 1848 nach Philadelphia ausgewandert[13]; 5. *Heinrich Will* (1812-1890); 6. *Aubel* (Faktotum oder ‚Famulus'); 7. *Anton Louis*, auch 'Bauch-Louis' (Epitheton Ornans);[38] 8. *Wydler*; 9. *Franz Varrentrapp* (1818-1877); 10. *Adolph Strecker* (1822-1871); 11. *Johann Joseph Scherer* (1814-1869); 12. *Emil Böckmann* (1811-); 13. *August Wilhelm Hofmann* (1818-1892).

Es kommen also lediglich Nummer 2. und 3. in Frage. Aufgrund der jugendlichen Erscheinung wird man vermuten, dass es die Person Nr. 3. ist, welche den

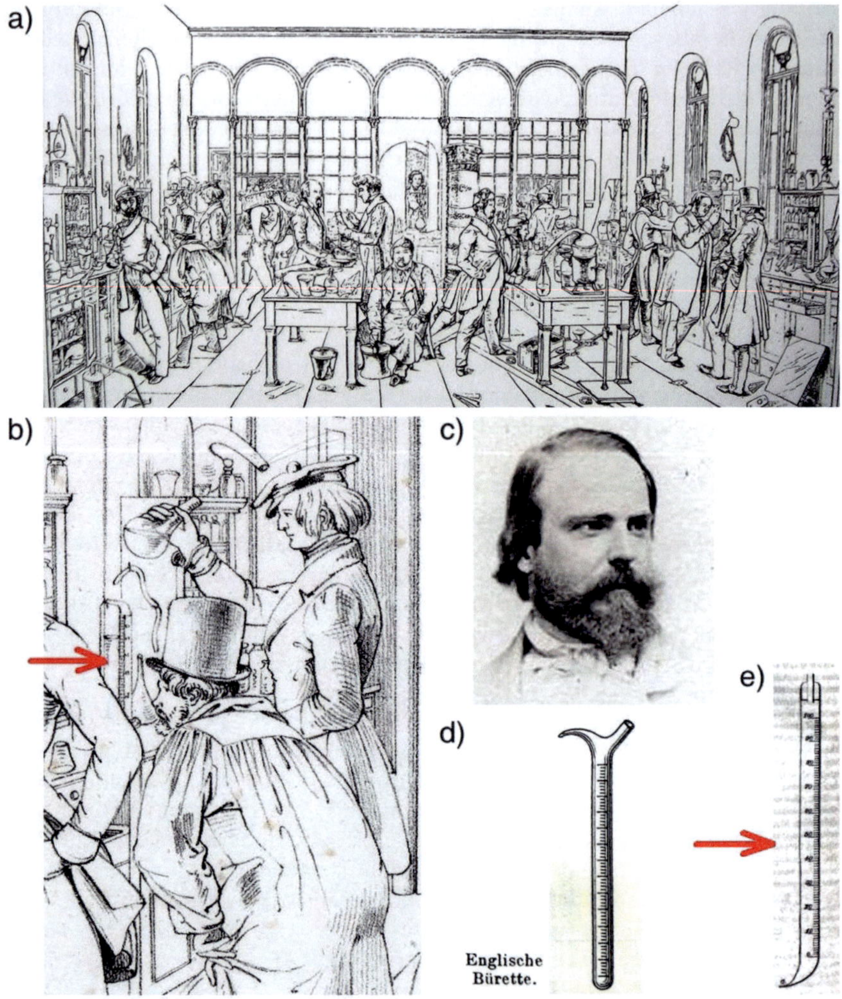

gerade einundzwanzigjährigen Studenten Genth darstellt. Der Mimik und Haltung nach ist er von seiner Laborarbeit gefesselt. Dies steht in Einklang mit dem jugendlichen Optimismus – verbunden mit einem nicht ungehörigen Selbstvertrauen –, welchen er bald darauf in seiner ersten chemischen Publikation an den Tag legen sollte:[40] in dieser zögerte er nicht, für einen von ihm neu untersuchten harzähnlichen Stoff – obgleich von unbekannter Herkunft und ungeklärter Struktur – einen eigenen neuen Namen, nämlich ‚Masopin', vorzuschlagen (soweit uns bekannt, ist das ‚Masopin' bis heute nicht wieder im chemischen Schrifttum erwähnt worden). Diese Erstlingsarbeit ist in *Liebigs*

Abb. 17 (vorhergehende Seite): — a) Mitarbeiter in Liebigs Gießener analytisch-chemischem Labor (vgl. Abbildung 8), wahrscheinlich im Sommer/Herbst 1841 (Ausschnitt aus der Lithographie von H. v. Ritgen 1842 nach einer Zeichnung von Wilhelm Trautschold; ungefähre Abmessungen des Originals 240 x 360 mm).[36,38] Dies ist eine der *„zwei am häufigsten wiedergegebenen Illustrationen in der ganzen Geschichte der Chemie“* (Übersetzung aus Brock).[20] Die drei ersten Personen von links: 1. *Vicente Ortigosa* aus Mexico, 2. (vermutlich) Dr. *John Lawrence Smith* aus den USA, sowie 3. (vermutlich) der gerade einundzwanzigjährige *Friedrich August Genth.* — b) Die Detailansicht der Personen Nr. 2. und 3. (von links) ist dem Original[36] entnommen, zugänglich beim Max-Planck-Institut für Wissenschaftsgeschichte (MPIWG) in Berlin im Rahmen des historischen Projektes ECHO (‚European Cultural Heritage Online'). — c) Die Photographie zeigt John Lawrence Smith ungefähr ein Jahrzehnt später (1854).[63] — d) Die ‚englische Bürette'[43] von 1841 und — e) Smiths eigenes ‚neues Instrument'[44] von 1843 haben große Ähnlichkeit mit dem graduierten Rohr, welches man in b) auf dem Arbeitsplatz von Smith erkennen kann (mit einem Pfeil gekennzeichnet).

Annalen der Chemie erschienen, was Liebigs Ansicht widerspiegelt, dass eine eigenständige wissenschaftliche Publikation einen ungeheuren Ansporn für jeden jungen Mitarbeiter darstellen musste und deshalb von Liebig nach Möglichkeit unterstützt wurde. Natürlich wird Liebig in Genth einen talentierten und motivierten Studenten erkannt haben, und so schrieb er auch einige Jahre später ein sehr lobendes Gutachten über Genth, als dieser im Begriff stand, nach Amerika auszuwandern.[7,41]

Genths in den ‚Annalen' erschienene Erstlingsarbeit ist hier von besonderem Interesse, weil darin der Mexikaner Ortigosa (ganz links in Abbildung 17a) erwähnt wird, und weil von letzterem auch das Harz stammt, aus welchem Genth sein ‚Masopin' isolierte. Wahrscheinlich stand Genth im Labor in engem Kontakt zu Ortigosa, so dass es plausibel ist, wenn wir davon ausgehen, dass die beiden in Trautscholds Skizze zusammen vorkommen.

Wir vermuten weiterhin, dass die zweite Figur von links in Trautscholds Skizze *John Lawrence Smith* (1818-1883) ist (Abbildung 17c), der erste Amerikaner, welcher bei Liebig gearbeitet hat. Nur zwei Jahre älter als Genth, hatte Smith in Amerika bereits promoviert und kam zum ersten mal im Sommer 1841 bei Liebig in Gießen an,[42] also fast gleichzeitig mit Genth. Smith beschäftigte sich mit verschiedenen chemisch-analytischen Themen, und das ist es vor allem, was uns zu der Vermutung veranlasst, dass es sich bei der Figur Nr. 2 um ihn gehandelt haben könnte. Vor Smith, auf seinem Arbeitsplatz, erkennt man ein an seinem oberen Ende auffällig gebogenes (wie der Schnabel eines Vogels), graduiertes Rohr, wahrscheinlich aus Glas. Das könnte eine sog. englische Bürette nach Clark gewesen sein, welche ungefähr zeitgleich (1841) publiziert worden war (Abbildung 17d).[43] Diese wurde in der Maßanalyse eingesetzt, also auf einem Gebiet der analytischen Chemie, welches damals so gut wie nicht bekannt war (der Begriff ‚Maßanalyse' ist erst ungefähr ab 1853 allgemein üblich geworden).[32] Der ‚Gentleman' Nr. 2 in Trautscholds Skizze wird demnach ein Experte auf diesem Gebiet gewesen sein, was auf Smith hindeutet. Als weiteres Indiz finden wir in einer bald danach erschienenen Publikation von Smith selbst ein ‚neues Instrument' beschrieben (eine Bürette, wie man heute sagen würde), welches ungemein ähnlich aussieht, wie das graduierte Rohr in Trautscholds Skizze (allerdings auf dem Kopf stehend, Abbildung 17e).[44]

Den obigen Ausführungen zufolge sind also nunmehr alle dreizehn Personen identifiziert, welche auf Trautscholds Skizze des Gießener Laboratoriums im Jahre 1841 festgehalten wurden. Vor allem aber liegt uns jetzt ein Bildnis von Genth in jungen Jahren vor, als er sich mit Begeisterung seinen chemischen Studien widmete.

3.3. Peter Grieß (1829-1888)

Griess war ein Bauernsohn aus dem idyllischen nordhessischen Dörfchen Kirchhosbach, wo heute die Hauptstraße nach ihm benannt ist (Abbildung 18).

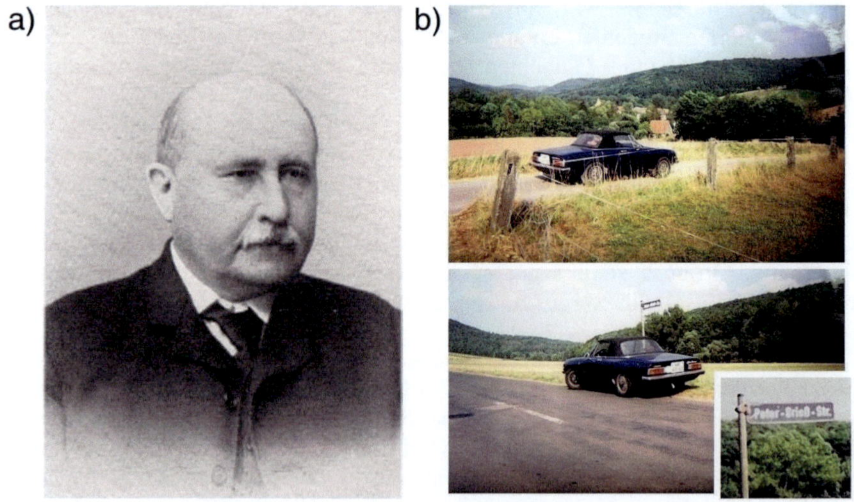

Abb. 18: — a) *Peter Grieß* in späterer Zeit in England, nach einer seltenen Photographie,[64] vermutlich aufgenommen 1877 anlässlich der Gründung des ‚Institute of Chemistry of Great Britain' (später ‚Royal Institute of Chemistry', schließlich aufgegangen in der heutigen ‚Royal Society of Chemistry'), dessen Gründungsmitglied Grieß war. — b) Die roten Dächer des malerischen Dörfchens Kirchhosbach in Nordhessen, sowie – ‚mitten im Grünen' – die dortige nach Peter Grieß benannte Hauptstraße (‚Peter-Grieß-Straße'), im Sommer 1998 aufgenommen.

Er studierte in Marburg – nach anfänglichen Schwierigkeiten, welche ihm zuweilen einen Aufenthalt im Studenten-Karzer der Universität einbrachten[2] – in den 1850er Jahren unter Hermann Kolbe, dem Chemie-Lehrstuhlinhaber und Nachfolger von Robert Wilhelm Bunsen. In dem selben Laboratorium neben der Deutschhausstraße (Abbildung 7), in welchem ein Jahrzehnt zuvor Genth gearbeitet hatte, entdeckte Grieß die Diazoverbindungen (und darauf aufbauend später in England die Diazoniumsalze), durch welche in den darauffolgenden Jahrzehnten die deutsche ‚Teerfarbenindustrie' zur Blüte gelangte. Grieß jedoch hatte nur aus der Ferne einen, wenn auch aktiven, Anteil an der industriellen Entwicklung, da er Deutschland verließ und für den Rest seines Lebens als Brauereichemiker in Burton upon Trent in England tätig war, wo er auch eine Familie gründete. Das Städtchen Burton war im 19. Jahrhundert wegen der beträchtlichen Bierexporte seiner vielen Brauereien international bekannt. Dort konnte sich Grieß lediglich in seiner Freizeit ‚seinen' Diazoverbindungen widmen. Er pflegte dann zu sagen, dass man sich endlich wieder einmal an Salpetrigsäure-Düften ‚erholen' könne.[2] (‚Salpetrigsäure-Düfte' sind Stickoxide, welche bei der Darstellung der Diazoniumsalze entstehen können und unter dem Verdacht stehen, karzinogen zu sein. Heutzutage sind sie zuweilen als charakteristischer Geruch im Abgas von Katalysator-Motoren nach dem Kaltstart wahrnehmbar.)

3.4. Friedrich August Kekulé von Stradonitz (1829-1896)

Kekulé studierte anfänglich Architektur. Sein Telent hierzu wird durch einige Zeichnungen aus seiner Jugend belegt.[25] Durch Liebig in Gießen wurde er aber zur Chemie bekehrt: er wechselte den Studiengang und wurde in der Folge Chemie-Professor in Gent (Belgien), wo er eines Abends einen Traum hatte. In diesem Traum erkannte er, dass das Benzol-Molekül (C_6H_6) ringförmig aufgebaut sein muß, eine damals ungeheuer innovative Vorstellung. Später wurde er nach Bonn berufen, wo er bis zum Lebensende über ein modernes chemisches Institut nebst einer prachtvollen Dienstwohnung (einem Haus) verfügte. Um die letztere soll ihn der Überlieferung nach selbst Prinz Wilhelm von Preußen beneidet haben.[1]

Aufgrund seiner Gabe, Molekülstrukturen und chemische Bindungsverhältnisse mit sicherem Gespür durch richtige Intuition aufklären zu können, ist Kekulé als ‚Baumeister der Chemie' in die Geschichte eingegangen, gleichsam als Pendant zu Liebig, dem ‚Lehrmeister der Chemie'.[25] So hat Kekulé in seinen letzten Jahren noch richtig erkannt, dass der Pyridin-Ring sich analog wie ein Benzol-Ring verhalten sollte, bei welchem die Kohlenstoffkette gleichsam durch ein Schloss (ein Stickstoffatom) zusammengehalten wird (Abbildung 19c).[1] Gelingt es, das Schloss mittels eines geeigneten (chemischen) ‚Schlüssels' zu öffnen, so resultiert eine offene Kohlenstoffkette. Diese ist eine vorzügliche Vorstufe für die Synthese von polyzyklischen aromatischen Verbindungen, wie Klaus Hafner und Karl Ziegler mehr als ein halbes Jahrhundert später gezeigt haben.[45] Hafner (wie Genth in Marburg promoviert und später habilitiert) baute diese Syntheseroute ab 1956 am chemischen Institut in Marburg – sowie in München, und bis heute in Darmstadt – umfassend aus.[66]

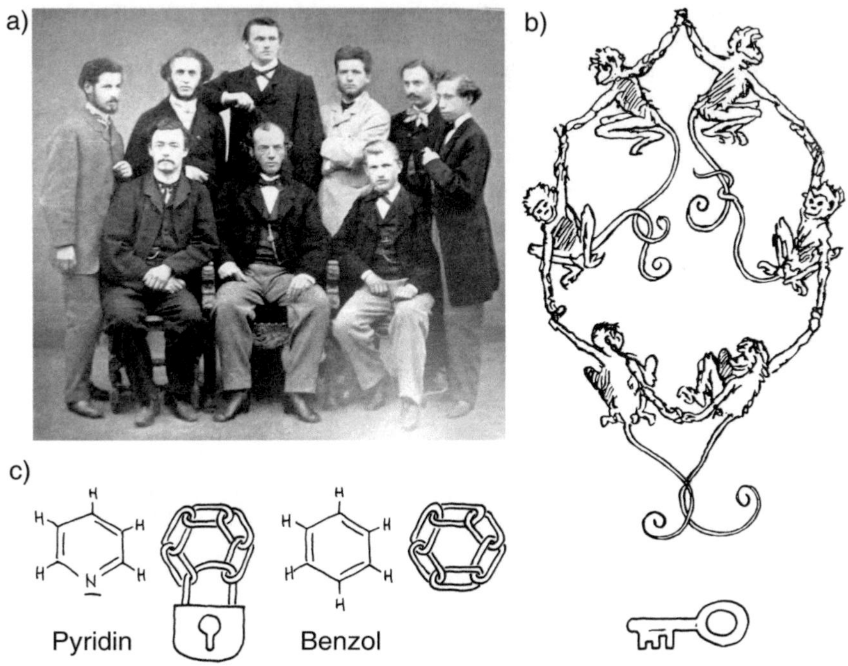

Abb. 19: — a) Kekulé im Kreis seiner Mitarbeiter in Gent (Belgien) um 1864, dem Jahr, in welchem er den Benzolring ‚im Traum' ersann.[1] — b) Ein zeitgenössisches humoristisches Molekülmodell des Benzols.[1] (Dieses Modell ist nicht völlig identisch mit dem in Literatur [25] abgebildeten – liegt hier ein Fall von Mesomerie vor?) — c) Kekulé stellte sich den Pyridinring – im Gegensatz zum Benzolring – als Kette mit einem Schloss vor. Mit einem passenden chemischen ‚Schlüssel' kann die Kette geöffnet werden. Dies ist gleichsam der Schlüsselschritt in der Ziegler-Hafner-Azulensynthese (1955), einer Namensreaktion, welche heute zum Kanon der organischen Chemie gehört.

Ein bedeutender Schüler Kekulés, *Richard Anschütz* (1852-1937), ebenfalls ein gebürtiger Darmstädter, hat im ersten Drittel des letzten Jahrhunderts an der Technischen Hochschule Darmstadt (heute Technische Universität, TU) ein Kekulé-Zimmer eingerichtet, wo viele Kekulé-Memorabilia, sowie ein Teil von Kekulés Büchern und noch erhaltene Briefe, aufbewahrt werden (heute im

Clemens-Schöpf-Institut für organische Chemie und Biochemie auf dem Lichtwiese-Campus).[1] Bis heute kann dieses Sammlung, etwa zu historischen Studien, nach Voranmeldung besucht werden.(*) Den Studenten der Chemie an der TU Darmstadt wurde nach alter Tradition noch vor wenigen Jahren zumindest einmal im Laufe des Diplom-Hauptstudiums die Gelegenheit geboten, einen Teil der Sammlung zu sehen. Die interessantesten Exponate wurden in den großen Kekulé-Hörsaal gebracht, wo man dann z.B. Kekulés Revolver unter Aufsicht in die Hand nehmen konnte (vermutlich nicht geladen).

(*) *Nachtrag:* Das Kekulé-Zimmer ist inzwischen aufgelöst und der gesamte Bestand an das Deutsche Museum in München übergeben worden (Privatmitteilung von Professor Klaus Hafner, Darmstadt, 2012).

4. Schluss

Aus Anlass des einhundertjährigen Jubiläums der Verleihung des Nobel-Preises für Chemie an *Marie (Skłodowska) Curie* (1867-1934) ist 2011 zum internationalen Jahr der Chemie ausgerufen worden (IUPAC/UNESCO). Zum zweihundertjährigen Geburtstag von Robert Wilhelm Bunsen, dem einstigen Doktorvater Genths, ist zeitgleich allerorts des Bunsen-Brenners oder der von Bunsen und Gustav Kirchhoff erfundenen Spektralanalyse gedacht worden. Gewissermaßen passend dazu haben wir im Vorausgehenden – nicht nur aus Anlass des Chemie-Jahres – die Gelegenheit ergriffen, um einige chemiehistorische Tatsachen mitzuteilen.

So haben wir erfahren (auch dem Autor sind wichtige Tatsachen erst durch die Arbeit an diesem Aufsatz zur Kenntnis gelangt), dass einige der bedeutendsten Chemiker des 19. Jahrhunderts in Hessen aufgewachsen waren, um später maßgeblich zu der Entwicklung der modernen Chemie beizutragen. Friedrich August Genth aus Wächtersbach gehörte ebenfalls dazu. Wie schon lange bekannt, hat er, zusammen mit Wolcott Gibbs, die Komplexe des dreiwertigen Kobalts ‚in die Welt hinausgetragen' (im wahrsten Sinne, da er mit seiner Entdeckung in die USA ausgewandert war). Dies hat, könnte man sagen, mehr als ein halbes Jahrhundert später durch die Verleihung des Nobel-Preises an den Schweizer Chemiker Alfred Werner im Jahre 1913 Früchte getragen.[46] Genth hat weiterhin mehr als ein Dutzend neuer Minerale entdeckt, was stets anerkannt worden ist.[7,34,41] Aber darüber hinaus entdeckte (und publizierte) er, wie wir gesehen haben, schon als Doktorand in Marburg die ersten Kristalle von Nickeloxid, was bis heute irrtümlich Bunsen zugesprochen worden ist.

Der Kunsthistoriker *Aby (Abraham Moritz) Warburg* (1866-1929) war überzeugt, dass man Geschichte nur fachübergreifend studieren kann. In der umfassenden Bibliothek des Warburg-Instituts in London gibt es folglich keine Einteilung nach Fachgebieten. Sämtliche Bücher sind vielmehr nach ihrer historischen Zusammengehörigkeit aufgestellt.[47] Das Motto könnte lauten: Zu jeder Zeit hängt Alles mit Allem zusammen. Wenden wir diese Betrachtungsweise analog innerhalb der Schranken unseres Fachgebietes an, so sehen wir, dass auch hier Alles mit Allem zusammenhängt. Denn der vorliegende Aufsatz war anfangs lediglich darauf angelegt gewesen, über Genths mehr oder weniger bedeutende Erstlingsarbeit über das Nickeloxid zu berichten. Stattdessen haben wir nunmehr den Bogen gespannt über das ganze 19. Jahrhundert, angefangen mit einer ‚neuentdeckten' Abhandlung von Thénard aus dem Jahre 1803 – in welcher die gewöhnliche Luft zu wichtigen Reaktionen Anlass gegeben hatte –, bis hin zu der letzten (unvollendet gebliebenen) Arbeit von Kekulé aus dem Anfang der 1890er Jahre über das Pyridin – aufgefasst als eine chemische Kette mit Schloss. Selbst ein so ‚unwahrscheinliches' Thema, wie das der Gauss-Glocke und der (wahrscheinlich zufälligen) Rolle, welche sie in klassischem Kinderspielzeug spielt, ist hier aufgegriffen worden. Dabei ist zugleich der Bogen noch weiter gespannt, und der eine oder andere Aspekt der gegenwärtigen Marburger Nanoforschung vorgestellt worden.

Zu ‚guter Letzt' ist es im Laufe der vorliegenden Arbeit gelungen, ein bislang unerkannt gebliebenes Jugendbildnis von Genth – zugegeben nicht mit vollkommener Sicherheit – zu identifizieren, und zugleich die Namensliste der Personen zu vervollständigen, welche auf dem meistreproduzierten Chemikerbild der Welt dargestellt sind, nachdem dieses nunmehr über 170 Jahre allgegenwärtig gewesen ist.

Mögen diese Ausführungen, mit den darin aufgezeigten weittragenden Verflechtungen, aufgefasst werden als Ausdruck der Anerkennung, welche Genth aus historischer Sicht zusteht, ihm aber als dem eigentlich rechtmäßigen Namenspatron des Nickeloxids versagt bleiben musste.

Danksagung

Der Autor dankt Bernd Harbrecht (Marburg) dafür, dass er es ihm ermöglicht hat, sich in seinem Arbeitskreis sowohl experimentell als auch theoretisch dem nanoskaligen Nickeloxid zu widmen, sowie für unzählige anregende und fruchtbringende Diskussionen auf dem unermesslichen Gebiet der Nanoforschung. Darüber hinaus dankt er Gerhard Jahn und Jürgen Ackermann (Wächtersbach) für die Ermunterung zu dieser geschichtswissenschaftlichen Arbeit.

Literatur und Anmerkungen

Zitierweise von Zeitschriften: Autor(en), Titel des Artikels, *Name der Zeitschrift* (kursiv) **Jahr** (fett), *Band* (kursiv), Seitenzahlen.

[1] R. Anschütz, August Kekulé, *Band I*, Leben und Wirken; *Band II*, Abhandlungen, Berichte, Kritiken, Artikel, Reden; Verlag Chemie, Berlin, **1929**, (720 u. 976 Seiten).

[2] A. W. Hofmann, zur Erinnerung an Peter Grieß, *Berichte der deutschen chemischen Gesellschaft* (heute *European Journal of Inorganic Chemistry*) **1891**, *24R*, 1007-1057.

[3] Chr. Meinel, die Chemie an der Universität Marburg seit Beginn des 19. Jahrhunderts, N. G. Elvert Verlag, Marburg, **1978**, S. 23, 52.

[4] E. F. Smith, Mineral Chemistry, in: *A Half-Century of Chemistry in America 1876-1926*, Charles A. Browne (Hrsg.), American Chemical Society (ACS), golden jubilee number of the *Journal of the American Chemical Society* (JACS), Philadelphia, **1926**, S. 69-88.

[5] G. B. Kauffman, Early Experimental Studies of Cobalt-Ammines, *Isis* **1977**, *68*, 392-403.

[6] Fr. A. Genth, Ueber Nickeloxydul (aus einem Briefe an Justus Liebig), *Liebigs Annalen der Chemie* (heute *European Journal of Organic Chemistry*) **1845**, *53*, 139-141.

[7] G. Jahn, B. Brill, M. Preuschoff, Friedrich August Genth, Wächtersbacher – Amerikaner, Chemiker – Mineraloge – Sammler, in *Sammlungen zur Geschichte von Wächtersbach*, Band II (J. Ackermann, Herausg.), Heimat- und Geschichtsverein Wächtersbach e.V., Wächtersbach, **1995**, 21. Lieferung (v. Mai 1993), 3.8.3 - Nr. 134 (100 Seiten); gekürzte Fassung ersch. in *Gießener Universitätsblätter* **1994**, S. 47-60.

[8] L. Néel, Magnetismus und lokales Molekularfeld (Nobel-Vortrag), *Angewanndte Chemie* **1971**, *83*, 838-848.

[9] J. T. Richardson, W. O. Milligan, Magnetic Properties of Colloidal Nickelous Oxide, *Physical Review* **1956**, *102*, 1289-1294.

[10] Nachruf auf W. O. Milligan: *Journal of Applied Crystallography* **1985**, *18*, 53.

[11] J. T. Richardson, Houston – Privatmitteilung im August **2009**.

[12] M. Petrik, B. Harbrecht, Half a Century of Nanoantiferromagnetism: Richardson's Phenomenon and Néel's Models, *Solid State Phenomena* **2011**, *170*, 244-247, und dort zitierte Literatur.

[13] J. S. Fruton, Contrasts in Scientific Style, Research Groups in the Chemical and Biochemical Sciences, American Philosophical Society, Philadelphia, **1990**, (473 Seiten).

[14] Chr. Reichardt, D. Schulz, Kurze Übersicht über die Entwicklung des Fachs Chemie an der Philipps-Universität Marburg von 1609 bis zur Gegenwart, 3. Aufl., Dekanat des Fachbereichs Chemie der Philipps-Universität, Marburg, **2011**, S. 59 (auch ‚online' zugänglich).

[15] L. Gmelin, *Handbuch der theoretischen Chemie*, zweiter Band, Fr. Varrentrapp, Frankfurt am Main, **1817**, S. 596, 761 f.

[16] Fr. Wöhler, Grundriss der unorganischen Chemie, 12. Auflage, Duncker und Humblot, Berlin, **1858**, S. 193.

[17] M. Petrik, B. Harbrecht, in Vorbereitung, **2012**.

[18] M. Petrik, B. Harbrecht, Orientational Degeneracy of Antiferromagnetic Exchange Striction in Anisotropic Ultrafine NiO Nanocrystals, *Zeitschrift für Kristallographie Proceedings* **2011**, *1*, 253-258, und dort zitierte Literatur.

[19] Fr. Galton, Natural Inheritance, Macmillan, London, **1889**, S. 63 ff.

[20] W. H. Brock, Justus von Liebig, the Chemical Gatekeeper, Cambridge University Press, Cambridge, **1997**, Neuaufl. **2002**, S. 57 f.

[21] H. V. Regnault, Untersuchungen über die Wirkungen des Wasserdampfes bei einer hohen Temperatur auf die Metalle und die Schwefelmetalle; Versuch einer neuen Classification der Metalle nach dem Grade ihrer Oxydabilität, *Journal für praktische Chemie* (heute *Advanced Synthesis & Catalysis*) **1837**, *10*, 129-167.

[22] C. Bergemann, ueber einige Nickelerze, *Journal für praktische Chemie* (heute *Advanced Synthesis & Catalysis*) **1858**, *75*, 239-244.

[23] J. Dw. Dana, a System of Mineralogy, 5. Aufl., Wiley, New York, **1868**, S. 134 f.

[24] J. Dw. Dana, Crystallogenic and Crystallographic Contributions – No. IV., on a Connection between Crystalline Form and Chemical Constitution, with some Inferences therefrom – Supplement, *American Journal of Science* **1867**, *44*, 252-263.

[25] Kl. Hafner, August Kekulé – dem Baumeister der Chemie zum 150. Geburtstag, *Angewandte Chemie* **1979**, *91*, 685-764; *Angewandte Chemie International Edition in English* **1979**, *18*, 641-706; erweiterte Fassung unter gleichem Titel: Justus von Liebig Verlag, Darmstadt, **1980**, (135 Seiten).

[26] K. Wieghardt, H. Siebert, zur Kenntnis der Hexafluoromanganate(III), *Zeitschrift für anorganische und allgemeine Chemie* **1971**, *381*, 12-20.

[27] W. Gibbs, F. A. Genth, Researches on the Ammonia-Cobalt Bases, *Smithsonian Contributions to Knowledge*, Smithsonian Institution, Washington, D.C., **1856**, *IX*, article V; unveränderter Nachdruck in *American Journal of Science II* **1857**, *23*, 234-265, 319-341, *24*, 86-107.

[28] A. Werner, Beitrag zur Konstitution anorganischer Verbindungen, *Zeitschrift für anorganische Chemie* (heute *Zeitschrift für anorganische und allgemeine Chemie*) **1893**, *3*, 267-330.

[29] K.-H. Ernst, F. R. W. P. Wild, O. Blacque, H. Berke, Alfred Werners Koordinationschemie: neue Erkenntnisse aus alten Proben, *Angewandte Chemie* **2011**, *123*, 10970-10977; *Angewandte Chemie International Edition in English* **2011**, *50*, 10780-10787.

[30] C. Nethravathi, S. Sen, N. Ravishankar, M. Rajamathi, Cl. Pietzonka, B. Harbrecht, Ferrimagnetic Nanogranular Co_3O_4 through Solvothermal Decomposition of Colloidally Dispersed Monolayers of α-Cobalt Hydroxide, *Journal of Physical Chemistry B* **2005**, *109*, 11468-11472.

[31] ‚Bürger' Thenard [L. J. Thénard], über die verschiedenen Verbindungen des Kobalts mit Sauerstoff, nebst einigen Bemerkungen über verschiedene ammonialische [sic] Metallsalze, *Scherers allgemeines Journal der Chemie* **1803**, *10*, 422-429; aus dem Französischen übersetzt aus *Annales de Chimie*, Band *42*, S. 210.

[32] F. Szabadváry, Geschichte der analytischen Chemie, G. Kerstein (deutsche Bearb.), Vieweg, Braunschweig, **1966**, S. 213 ff., 246 f.

[33] R. Willstätter, aus meinem Leben, (A. Stoll, Herausg.), Verlag Chemie, Weinheim, **1949**. — Diesbezüglich wird übrigens von *Heinrich Debus* (1824-1916, Nachfolger Genths als Assistent von Bunsen) im Zusammenhang mit Genth beiläufig eine Begebenheit aus dem Marburger Labor im deutschen Haus mitgeteilt, ungefähr vom Jahre 1847. Debus hatte damals gerade eine interessante neue chemische Beobachtung gemacht und sprach darüber mit Bunsen. Er berichtet: *„Dr. Genth, der Assistent, welcher zugegen war, bemerkte: ich müsse nun die* (…) [über den betreffenden Gegenstand] *veröffentlichten Abhandlungen nachlesen. Nein, rief Bunsen, lesen Sie nichts! Diese wichtige Bemerkung meines Lehrers verstand ich damals nicht, erst später ist mir ihr Sinn klar geworden.“* Debus machte sofort im Anschluss daran eine neue Entdeckung, und dies ohne zuvor die relevante Literatur konsultiert zu haben.[48]

[34] G. F. Barker, Memoir of Frederick Augustus Genth, *Biographical Memoirs*, vol. IV, National Academy of Sciences, the National Academies Press, Washington D. C., **1902**, S. 200-231.

[35] A. W. v. Hofmann, Heinrich Will, ein Gedenkblatt, *Berichte der deutschen chemischen Gesellschaft* (heute *European Journal of Inorganic Chemistry*) **1890**, *23R*, 852-899.

[36] J. P. Hofmann, Das chemische Laboratorium der Ludwigs-Universität zu Gießen, C. F. Winter, Heidelberg, **1842**, (51 Seiten, nebst zwei Lithographien und 6 Stichen).

[37] G. Jahn, Wächtersbach – Privatmitteilung im Dezember **2011**.

[38] J. Volhard, August Wilhelm von Hofmann, *Berichte der deutschen chemischen Gesellschaft* (heute *European Journal of Inorganic Chemistry*) **1902**, *35*, A1-A196.

[39] Fr. Schödler, das chemische Laboratorium unserer Zeit, *Westermann's Jahrbuch der Illustrierten Deutschen Monatshefte* **1875**, *38*, 21-47.

[40] Fr. A. Genth, chemische Untersuchung des Masopins, eines neuen harzartigen Körpers, *Liebigs Annalen der Chemie* (heute *European Journal of Organic Chemistry*) **1843**, *46*, 124-128.

[41] W. M. Myers, S. Zerfoss, Frederick Augustus Genth, 1820-1893, Chemist – Mineralogist – Collector, *Journal of the Franklin Institute* **1946**, *241*, 341-354.

[42] B. Silliman, Memoir of John Lawrence Smith 1818-1883, *Biographical Memoirs*, vol. II, National Academy of Sciences, the National Academies Press, Washington D. C., **1884**, S. 217-248.

[43] H. Beckurts, die Methoden der Maßanalyse, 2. Aufl., R. Berg u. R. Dietzel (Herausg.), Vieweg, Braunschweig, **1931**, S. 3, 43.

[44] J. L. Smith, a New Instrument for Estimating the Quantity of Carbonate of Lime Present in Calcareous Substances, *American Journal of Science* **1843**, *45*, 262-266.

[45] K. Ziegler, Kl. Hafner, eine rationelle Synthese des Azulens, *Angewandte Chemie* **1955**, *67*, 301; K. Ziegler, zu vorstehender Zuschrift, *Angewandte Chemie* **1955**, *67*, 301.

[46] Eine amüsante, vielleicht aber auch tragische Analogie (Genth litt, besonders im Alter, an Asthma[34] – ob dies auf Werner ebenfalls zutraf, ist dem Autor nicht

bekannt) zwischen den zwei eingeschworenen ‚Anorganikern' Genth und Werner ergibt sich aus folgenden zwei Anekdoten. Die erste stammt von Genths ehemaligem Assitenten (und Nachfolger als Professor an der Universität von Philadelphia) *Edgar Fahs Smith* (1854-1928), die zweite von Werners ehemaligem Doktoranden und späteren Assitenten *Ernst Berl* (1877-1946; Berl war u.a. von 1919 bis 1933 Professor für technische Chemie und Elektrochemie in Darmstadt, wo heute nach ihm das Institut für chemische Technologie und makromolekulare Chemie benannt ist). — 1. „(...) *as an ethusiast in the former* [organic chemistry] *the writer* [Smith] *busied himself in his leisure moments with the making of substitution products in the great benzene series and in studying condensation products. Some of these were highly aromatic, and the odors emanating from his little laboratory were not to the joy of his chief* [Genth], *who patiently forebore from remark for a while but eventually, in very firm words, gave his youthful assistant to understand that further activity with these aromatic benzene bodies must cease. This crushing mandate caused him to work at night when the laboratory was absolutely clear and he could be alone. Upon retiring from this night work, he took the precaution to lower and raise the windows so that by morning the atmosphere of the laboratory might be sweet and free from the 'vile stuff'. However, the keen sense of smell of Genth enabled him (at least such was the inference) still to detect aromatic odors. Without comment the writer was invited to a little room until then locked to him. On entering he was surprised to see that everywhere were large glass jars filled with monazite sands. 'There,' said the Doctor, 'is material for your future research.' In short, it meant that for the next year or two great quantities of this material were to be studied under the supervision and direction of the Doctor, and* (...) *there emerged from that research an assistant who was a complete convert to inorganic chemistry.*"[4] — 2. „*He* [Werner] *could not stand the odor of nitrobenzene* [eine aromatische Verbindung]. *When I* [Berl] *wanted to be alone I had simply to heat some nitrobenzene. When he opened the door which connected the laboratory with his tiny office and smelled the odor of nitrobenzene, he closed the door and was not seen for hours.*"[65]

[47] Der Autor dankt V. J. Gustitus, Marburg, für den Hinweis auf Aby Warburg und die Warburg-Bibliothek in London.

[48] H. Debus, Erinnerungen an Robert Wilhelm Bunsen und seine wissenschaftlichen Leistungen, Fisher, Kassel, **1901**, S. 21, 154.

[49] R. Huisgen, Liebigs unvergängliches chemisches Werk, *Angewandte Chemie* **1953**, *65*, 361-384;

[50] A. W. v. Hofmann, zur Erinnerung an vorangegangene Freunde, erster Band, Vieweg, Braunschweig, **1888**.

[51] A. F. Hollemann, Lehrbuch der anorganischen Chemie / Hollemann-Wiberg, fortgef. von E. Wiberg, 101. Aufl., fortgef. von N. Wiberg, de Gruyter, Berlin, New York, **1995**, S. 875.

[52] J. Liebig, Anleitung zur Analyse organischer Körper, Vieweg, Braunschweig, **1837**.

[53] St. S. Zumdahl, Chemical Principles, 2. Aufl., D. C. Heath and Company, Lexington, **1995**, S. 894, 908.

[54] J. Clayden, N. Greeves, St. Warren, P. Wothers, Organic Chemistry, Oxford University Press, Oxford, New York, **2007**, S. 154, 572.

[55] C. A. Browne, The History of Chemical Education in America between the Years 1820 and 1870, *Journal of Chemical Education* **1932**, *9*, 696-728.

[56] H. S. Van Klooster, Liebig and his American Pupils, *Journal of Chemical Education* **1956**, *33*, 493-497.

[57] C. van de Stolpe, Preparation of NiO Single Crystals by Chemical Transport, *Journal of the Physics and Chemistry of Solids* **1966**, *27*, 1952-1953.

[58] V. Propach, D. Reinen, H. Drenkhahn, Hk. Müller-Buschbaum, über die Farbe von „NiO“, *Zeitschrift für Naturforschung b* **1978**, *33*, 619-621.

[59] A. Schaper, A. Weisbrod, M. Petrik, B. Harbrecht, Badminton im Nano-Reich, *Marburger UniJournal*, Nr. 28, **2007**, S. 4 (auch ‚online’ zugänglich).

[60] Google-Images (‚online’), **2011**.

[61] J. T. Richardson, Improved Sabatier Reactions for In Situ Resource Utilization on Mars Missions, *Annual Report*, Institute for Space Systems Operations, University of Houston, University of Houston – Clear Lake, **1999-2000**, S. 84-86.

[62] *JLU-Forum, Mitteilungen – Kommentare – Berichte der Justus-Liebig-Universität Gießen*, Nr. 77, Juni **1978**, Umschlagbild (mit Erläuterungstext).

[63] Wikipedia (‚online’), **2011**.

[64] R. Anderson, the Brewing Connection in the Oxford Dictionary of National Biography: Part II, *Brewery History* **2005**, *120*, 20-34 (‘online’ zugänglich).

[65] E. Berl, Some Personal Recollections of Alfred Werner, *Journal of Chemical Education* **1942**, *19*, 153-154.

[66] R. P. Kreher, Professor Klaus Hafner zum 60. Geburtstag, *Chemiker-Zeitung* (aufgegangen in *Journal für praktische Chemie*, heute *Advanced Synthesis & Catalysis*) **1987**, *111*, 375-381.

Marek Petrik

Geboren in Prag.

Grundschule in Prag und Marburg a. d. Lahn.

Abitur in Marburg.

Diplomingenieur-Studium in Darmstadt (TU).

Derzeit Promotion in Chemie (Philipps-Universität Marburg).

Ein Beitrag zur Geschichte der Chemie in Hessen

Bunsens Wirkungsstätte in Marburg 1839-1851

Robert Wilhelm Bunsen (1811-1899)

Bunsenit (Typmineral von 1858)

(Das Bunsen-Portrait aus der Marburger Zeit – *„nach einer Zeichnung von Professor Koch in Kassel“* – stammt aus Literatur [48].)